U0285556

住房和城乡建设领域"十四五"热点培训教材

直流建筑百问百答

中国建筑节能协会光储直柔专业委员会
深圳市建筑科学研究院股份有限公司　主编

中国建筑工业出版社

图书在版编目（CIP）数据

直流建筑百问百答 / 中国建筑节能协会光储直柔专业委员会，深圳市建筑科学研究院股份有限公司主编. —北京：中国建筑工业出版社，2024.1
住房和城乡建设领域"十四五"热点培训教材
ISBN 978-7-112-29378-0

Ⅰ. ①直… Ⅱ. ①中… ②深… Ⅲ. ①建筑光学—储能—高等学校—教材 Ⅳ. ① TU113

中国国家版本馆 CIP 数据核字（2023）第 232851 号

责任编辑：毕凤鸣　齐庆梅
文字编辑：武　洲
责任校对：赵　力

住房和城乡建设领域"十四五"热点培训教材
直流建筑百问百答
中国建筑节能协会光储直柔专业委员会
深圳市建筑科学研究院股份有限公司　主编

*

中国建筑工业出版社出版、发行（北京海淀三里河路 9 号）
各地新华书店、建筑书店经销
北京建筑工业印刷有限公司制版
北京云浩印刷有限责任公司印刷

*

开本：787 毫米 × 1092 毫米　1/16　印张：10½　字数：242 千字
2024 年 4 月第一版　2024 年 4 月第一次印刷
定价：**70.00** 元
ISBN 978-7-112-29378-0
（42150）

作者名单（按拼音排序）

陈德全　陈思磊　陈文波　郝　斌　侯院军　胡宏宇
姜子炎　荆　龙　康　靖　李炳华　李海波　李建国
李兴文　李叶茂　李雨桐　李　忠　梁建钢　刘国伟
刘晓华　陆元元　马化盛　马　涛　马　钊　潘　雷
彭　琛　孙冬梅　童亦斌　汪　超　汪隆君　王　涛
王　滔　王一振　徐习东　许　烽　薛志峰　于海超
余镇雨　俞国新　袁晓冬　张　涛　赵福友　赵宇明
赵志刚　钟　庆

编写单位

中国建筑节能协会光储直柔专业委员会
深圳市建筑科学研究院股份有限公司

支持单位

能源基金会
能源行业低压直流设备与系统标准化技术委员会

统稿

李雨桐　李婉溢　李　坤

前　言

2020 年清华大学江亿院士提出了"光储直柔"技术路径，其本质是将能源与信息技术融合，使建筑用电负荷具备灵活调整能力，能够通过优化用电负荷曲线与电网友好互动，实现城市供能可靠性、用能经济性和环境友好性三者综合最优的集成技术。"光储直柔"技术路径提出以来，得到了行业广泛的关注和响应，特别是在我国宣布碳达峰、碳中和目标以后，相关产品、标准和系统解决方案相继涌现，相关示范工程也启动设计和建设。

作为从业者，我们一方面为"光储直柔"技术快速发展和成熟感到欣喜，另一方面看到新技术推广中还有诸多障碍，我们的脑海中还有很多的问号。为此，中国建筑节能协会光储直柔专业委员会组织和邀请业内专家，以自问自答的形式编写了本书。希望能够通过本书追踪和记录"光储直柔"技术发展及认识深化的过程，同时激发从业者进行更多的思考和观点碰撞，提出更多的问题和解决方案！

在此，感谢参与本书编写的各位专家！同时，欢迎读者积极向中国建筑节能协会光储直柔专业委员会秘书处反馈相关观点和建议！

目　　录

第1章　直流建筑概要 001

　　1. 光储直柔是什么? 001

　　2. 建筑供电直流化可以带来什么好处? 003

　　3. 直流电网能否取代交流电网? 005

　　4. 为什么说直流系统是简单的? 005

　　5. 直流供电真的节能吗? 007

　　6. 直流供电真的安全吗? 008

　　7. 直流供电可靠性高吗? 010

第2章　直流建筑工程应用 012

　　8. 直流供电适用于哪些建筑? 012

　　9. 直流建筑工程应该避免哪些认识误区? 013

　　10. 在农村建低压直流网有什么优势? 014

　　11. 直流建筑工程造价高吗? 015

　　12. 建筑中采用直流供电有哪些标准可以参考? ... 017

　　13. 什么是建筑用能柔性? 018

第3章　直流建筑与电网 020

　　14. 未来高比例可再生情景下电网发电形态是什么样子? ... 020

　　15. 电网希望什么样的用电负荷? 022

　　16. "光储直柔"如何提高供电可靠性? 023

　　17. 什么是需求侧响应和电力交互? 026

　　18. 建筑中有哪些负荷是可以调节的? 027

　　19. 建筑与电网交互能赚钱吗? 028

　　20. 有哪些电力市场化交易机制? 我国有哪些省市开放了
　　　　电力现货市场? 029

第4章　直流配电系统 031

　　21. 直流配电系统由什么构成? 031

　　22. 直流配电系统需要怎样的电压等级? 032

23. 单极和双极配电的特性比较 ………………………………………… 034

24. 浮地系统是什么？ …………………………………………………… 035

25. 直流供电系统的变换器有啥要求？ ………………………………… 036

26. 直流配电系统需要配置直流专用的断路器吗？ …………………… 037

27. 储能电池有哪些种类？特性是什么？ ……………………………… 038

第 5 章　系统安全保护 ……………………………………………………… 040

28. 直流系统安全措施怎么办？ ………………………………………… 040

29. 采用浮地形式的直流系统会产生电弧吗？ ………………………… 040

30. 如何简单低成本解决直流系统电弧问题？ ………………………… 041

31. 直流供电的剩余电流怎么检测呢？ ………………………………… 041

32. 直流配电系统中绝缘监测怎么做 …………………………………… 043

33. 直流配电系统中如何故障定位选线？ ……………………………… 045

34. 直流供电系统怎么最省钱的实现保护呢？ ………………………… 046

35. 如何做好直流系统的接地？ ………………………………………… 046

第 6 章　系统控制 ………………………………………………………… 048

36. 直流系统的控制目标有哪些？ ……………………………………… 048

37. 直流供电系统怎么控制呢？ ………………………………………… 049

38. 如何靠母线电压实现直流系统的优化控制？ ……………………… 050

39. 多换流器并联运行稳定性如何保证？ ……………………………… 052

40. 群智能如何解决直流建筑能源管理？ ……………………………… 052

41. 有哪些方法可以做短期负荷预测？ ………………………………… 054

第 7 章　直流家电 ………………………………………………………… 057

42. 家用直流变换器长啥样子？ ………………………………………… 057

43. 直流变频究竟是什么意思？ ………………………………………… 058

44. 市面上有哪些电器能直接用于直流配电系统？ …………………… 059

45. 交流和直流的家用电器可以通用吗？ ……………………………… 061

46. 电动车仅仅是一辆车吗？ …………………………………………… 062

47. LED 是如何工作的？ ………………………………………………… 063

48. 电磁炉还是燃气灶炒出的菜好吃？ ………………………………… 065

49. 自己家装光伏划算吗？ ……………………………………………… 065

50. 小米为什么不随机赠送手机电源适配器了？ ……………………… 067

第 8 章　为什么发展"光储直柔"建筑？ ………………………………… 068

51. "光储直柔"建设推广的意义是什么？ ……………………………… 068

52. "光储直柔"的"柔"和特高压柔直的"柔"是一回事吗？ ……… 069

53. 为什么"光储直柔"的核心是"柔",不是"直"呢？ ……………………… 071

54. 柔性控制对可再生能源消纳帮助大吗？是消纳建筑自身的光伏

    还是集中的风电光电？ ………………………………………………… 072

55. 农村光伏"用不了"也"出不去"怎么办？ ………………………………… 074

56. 推广"光储直柔"建筑可以获得哪些收益？目前国家和地方对

    "光储直柔"建筑的支持政策和经济补贴有哪些？ …………………… 077

第9章　怎样设计"光储直柔"系统？ …………………………… 082

一、适用对象与范围 …………………………………………………………… 082

57. 什么类型的建筑或区域适宜优先推广"光储直柔"系统？ …………… 082

58. 既有建筑能够改造成为"光储直柔"建筑吗？ ………………………… 083

二、系统设计的总体原则 ……………………………………………………… 084

59. "光储直柔"系统设计的基本原则？ …………………………………… 084

60. 储能和光伏及可调节负载之间的柔性调配原则？ …………………… 086

61. "光储直柔"系统设计会使用到哪些软件？ …………………………… 087

三、光伏系统设计 ……………………………………………………………… 091

62. 采用了"光储直柔"技术,光伏发电是否还要采用自发自用

    余电上网的方式？ ………………………………………………………… 091

63. 城市中屋顶面积有限,安装光伏能起到多大作用？ ………………… 092

64. BIPV 的应用场景及可选的组件类型有哪些？BIPV 系统比

    BAPV 系统的投资成本高多少？ ………………………………………… 094

65. 光伏系统安装朝向、倾角如何选择？采用水平安装,

    还是最佳倾角安装更好？ ………………………………………………… 096

66. 光伏优化器适合在什么类型光伏项目中采用？能够提高

    多少发电效率？ …………………………………………………………… 099

四、储能系统设计 ……………………………………………………………… 102

67. 建筑中适合采用哪种类型的储能电池？ ……………………………… 102

68. 建筑储能系统容量如何配置？ ………………………………………… 103

69. 民用建筑中储电设施建设在室内还是室外？地下室可以安装吗？ … 104

70. "光储直柔"系统中的储能可以同建筑 UPS 或 EPS 系统

    储能共用吗？ ……………………………………………………………… 106

71. 建筑中是配置固定储能划算,还是双向充电电动车充电桩划算？

    电动车的配置比例是什么？ ……………………………………………… 107

72. 电化学储能的安全性如何在设计中考虑？ …………………………… 108

73. 与利用储能削峰填谷相比,利用储能消纳本地光伏是否经济？ …… 109

五、直流配电系统设计 ………………………………………………………… 111

74. 直流配电系统的电压等级如何选？建筑常用的用电设备分别

    接入哪个电压等级？ ……………………………………………………… 111

75. 直流系统架构如何选，单极还是双极？分别适用什么情况？ ⋯⋯⋯⋯⋯ 112

76. 直流配电系统交直流变换器（AC/DC）、直直变换器（DC/DC）
容量如何选？ ⋯⋯⋯⋯⋯⋯⋯ 113

77. 交直流变换器与能量路由器有什么区别？分别适用什么情况？ ⋯⋯⋯⋯ 114

78. 不同厂家生产的换流器可以在同一个系统中使用吗？ ⋯⋯⋯⋯⋯⋯ 115

79. 对各个变换器的控制需要考虑到各个变换器之间的耦合关系吗？ ⋯⋯⋯ 115

80. 直流配电系统的接地方式如何选择？IT、TN、TT 不同的
接地方式有什么优缺点？分别适用什么情况？ ⋯⋯⋯⋯⋯⋯ 116

81. 直流配电电网同市政供电电网的接口是隔离的吗？大功率电器
是否需要单独隔离？ ⋯⋯⋯⋯⋯⋯⋯ 117

82. 当前直流电器设备发展中面临哪些问题？ ⋯⋯⋯⋯⋯⋯⋯ 119

83. 直流配电系统的防雷设计有什么具体要求？ ⋯⋯⋯⋯⋯⋯ 120

六、直流用电设备 ⋯⋯⋯⋯⋯⋯⋯⋯⋯⋯⋯⋯ 121

84. 哪些类型的用电设备可以率先直流化？ ⋯⋯⋯⋯⋯⋯⋯ 121

85. 目前直流电器与传统交流家电的价格有多大差异？ ⋯⋯⋯⋯⋯ 122

86. 如何全面推进建筑用电设备直流化？需要从哪些方面开展工作？ ⋯⋯ 123

七、建筑柔性及电力交互 ⋯⋯⋯⋯⋯⋯⋯⋯⋯⋯ 125

87. 如何评价一栋建筑的柔性大小？有哪些评价指标？ ⋯⋯⋯⋯⋯ 125

88. 不同类型建筑的柔性调节潜力有多大？ ⋯⋯⋯⋯⋯⋯⋯ 127

89. 什么是基于直流母线电压的自适应控制策略？有哪些优点和缺点？ ⋯⋯ 127

90. 建筑实现柔性可以辅助电网进行哪些调节？具体对建筑有哪些要求？ ⋯ 129

91. 直流系统和交流系统都可以进行负荷柔性控制吗？与交流系统
相比，在直流系统中进行柔性控制有哪些优势？ ⋯⋯⋯⋯⋯ 131

92. 电动车与建筑负荷之间如何协调控制？ ⋯⋯⋯⋯⋯⋯⋯ 132

第 10 章 "光储直柔"工程项目问题 ⋯⋯⋯⋯⋯⋯⋯ 135

一、经济性与商业模式 ⋯⋯⋯⋯⋯⋯⋯⋯⋯⋯ 135

93. "光储直柔"系统的增量成本一般是多少？主要的
增量成本是哪些项目？ ⋯⋯⋯⋯⋯⋯⋯ 135

94. "光储直柔"系统的运行维护同交流配电系统有哪些不同？
会增加运维成本吗？ ⋯⋯⋯⋯⋯⋯⋯ 137

95. 既有建筑"光储直柔"系统改造商业模式有哪些？ ⋯⋯⋯⋯⋯ 138

96. 台区互联或可再生能源点对点交易对可再生能源消纳有什么作用？ ⋯ 139

二、技术稳定性与可靠性问题 ⋯⋯⋯⋯⋯⋯⋯⋯⋯ 140

97. 交流配电系统与直流配电系统共存的建筑中，交流和直流
有无相互影响或干扰的情况？有无技术要求？ ⋯⋯⋯⋯⋯ 140

98. 由于低压直流配电技术需要采用大量的电力电子元件，是否
可能导致谐波存在，影响低压直流配电系统电能质量？ ⋯⋯⋯ 142

三、工程项目实施效果 ·· 143

　　99. 全国各气候区有哪些代表性的"光储直柔"项目？ ·········· 143

　　100. 已建成的"光储直柔"典型项目中实际应用的直接用户

　　　　 反映和评价如何？现在发现还有何不足？ ················· 147

附录 1　建筑中采用直流供电可参考标准 ······························· 149

附录 2　术语和缩略语中英文对照表 ····································· 152

附录 3　中国建筑节能协会光储直柔专业委员会简介 ··············· 153

参考文献 ··· 154

第1章　直流建筑概要

1. 光储直柔是什么？

　　光储直柔是在建筑领域应用太阳能光伏、储能、直流和柔性四项技术的简称，英文简称 PEDF（Solar photovoltaic, Energy storage, Direct current and Flexibility），即在建筑中通过直流母线连接分布式光伏、储能和可调用电负荷实现市电功率柔性控制。

　　光储直柔的"光"，是分布式太阳能光伏。太阳能光伏技术这十几年有了快速的迭代与进步。从国家可再生能源实验室（National Renewable Energy Laboratory，NREL）更新的效率曲线看，如图1-1所示，实验室已达到47.1%的转化效率。当前量产晶体硅组件的效率也很容易达到22%以上，且成本下降到过去的1/10。同时，很多新兴的太阳能技术正在取得快速的进步，以钙钛矿电池为例，仅仅用了八年的时间，效率在原有基础上提升了70%以上。目前晶体硅太阳能光伏组件，即便没有补贴，在一般工商业电价甚至居民电价的条件下，已经具备了很好的技术经济性。考虑建筑外观多样性和未来光伏应用总量要求，建筑立面光伏会随着太阳能光伏技术的进步逐渐变成建筑的新装。推广分布式太阳能光伏已经成为实现碳中和的必然选择。

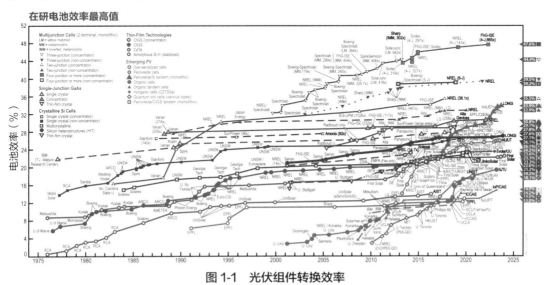

图1-1　光伏组件转换效率

　　"储"就是分布式蓄能，广义上说有很多种方式，包括电化学储能、储热、抽水蓄能等。这里重点是指电化学储能，尤其是利用电动车本身的电池，以及利用建筑围护结构热惰性和生活热水的蓄能等。我国电动车每年的产销量已达百万辆，五菱宏光电动车少的有 10 度电，新势力和比亚迪等电动车有 70 度甚至 100 度电。未来电动车实现双向充放电，不仅能满足电动车的交通工具属性，也能够成为电力在末端的调节手段。充分利用建筑围护结构的热惰性和生活热水这一蓄能调节的有效手段。比如，夏天办公楼早一点开启空调或者用电高峰时在满足舒适度的条件下适当减少空调开启台数，或者在夜间利用谷电（未来主要是风电）把家里的生活热水加热等，这些看似微不足道的行为对于电力的负荷迁移发挥着举足轻重的作用。

"直"就是低压直流配电系统。随着建筑中电源和负载的直流化程度越来越高，直流供配电是一种更合理的形式。电源侧的分布式光伏、储能电池等普遍输出直流电。用电设备中传统照明灯具正逐渐被 LED 替代，各种空调、冰箱、洗衣机、水泵等电机设备也更多考虑变频的需求，此外还有各种电脑、手机的数字设备，这些都是直流负载。直流供配电技术对于提高建筑能源系统效率、提升用户安全性和使用便捷性、实现能源系统的智能控制、实现供电可靠性的解耦，以及与电力系统的交互具有重要的作用。国际上，开展直流建筑研究的重要因素之一还包括确保人人获得可负担、可靠和可持续的现代能源。在东南亚、非洲等很多"一带一路"国家的偏远地区至今还没有电力，与光伏和储能设备结合，低压直流是解决无电区的利器，将极大改善能源匮乏地区数以百万居民的居住条件和生活质量。

"柔"，就是柔性。一方面是用电设备根据直流母线电压的波动动态调整输出功率，也就是说当用电设备感知到外界电力供应处于高峰或紧张时，在满足舒适条件的同时，设备自动降低功率运行；另一方面是通过光伏、储能以及负荷三者的动态匹配，实现与电网的友好对话。传统建筑能源供应主要是解决电力供应和建筑用能二者之间的关系，柔性要解决的是市电供应、分布式光伏、储能以及建筑用能四者的协同关系（图 1-2）。

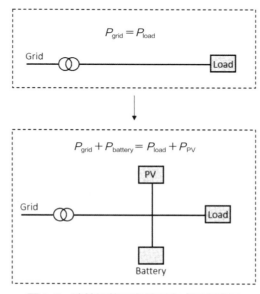

图 1-2　建筑用能两者关系变成四者关系

当下的技术已经使我们能够准确告诉电网明天我们怎么用，现在要解决的问题是，电网希望我怎么用就怎么用。光储直柔技术无论在城市还是农村，都能够很好地解决当下电力负荷峰值突出问题以及未来与高比例可再生能源发电形态相匹配的问题，建筑与电网是很好的合作伙伴关系。

光储直柔不仅仅是技术变革，其中还包括理念、文化与协同，比如大家对分布式光伏的认知与理念，电动车充电桩进楼以及双向充放电，电力负荷调节机制等。国家已明确碳达峰、碳中和目标，能源领域有了清晰的发展路径，光储直柔逐渐得到了越来越多的学者、企业和老百姓的关注。

本题编写作者：郝斌

2. 建筑供电直流化可以带来什么好处？

据不完全统计，2015年以来我国已建成和在建的直流建筑或实验系统已经达到了30余个。回顾近年来直流建筑的发展和实践历程，可以看到不同行业、不同技术领域的人们以各种形式引领或者参与了建筑直流供电技术的发展。如果需要具体讨论直流建筑到底能够解决哪方面的实际问题，不妨回顾一下直流供电技术近年来的发展历程来一探究竟。

从供配电系统的历史发展来看，直流供电在130多年前就已经出现在美国的大型城市里面。但由于在当时的技术条件下，直流升压的问题没有得到解决，因此其并不适合远距离的电力输送，难以覆盖城市或者大功率电力供应需求，也难以驱动性能更好的感应电动机。因此，在第一次工业化进程中，在绝大部分工业、市政和民用领域还是以交流配电为主导。

但是，直流供电并没有消失，在不为大众广泛关注的部分细分领域长期存在着。例如全球的地铁100多年来一直坚持着直流供电的传统。总结现有的直流供电系统可以发现，其应用主要是在专用的、形式基本固定的、接入对象确定的"封闭性"系统，且具有：

（1）电源和负荷高度电力电子化；

（2）较高的能效和可靠性要求；

（3）多数有储能设备应用等共同的特点。

在21世纪的前10年，国内外电力电子技术的研究者，以及家电行业的从业者，乃至稍晚一些加入的智能电网的研究者，针对未来供电系统"源-网-荷-储"电力电子技术应用加速的趋势，提出了构建直流微电网，乃至具有更大供电能力和覆盖范围的直流配电系统的设想，并开展了大量的研究、开发和示范工作。同时，近年来绿色、低碳建筑的研究者也开始关注建筑直流供电技术领域，并引领了新的一轮建筑直流供电实践热潮。总之，十几年以来国内外直流供配电的技术发展逻辑大致如下：

节能减排、低碳发展→分布式电源和储能大幅增加→直流相比于交流节省变换器投资和降低损耗→用电设备直流化改造→在建筑、园区或更大范围采用直流。

如图 1-3 所示，经过分析，建筑供电采用直流化之后，可以带来的好处有如下几个方面：

（1）因为人体电击效应的显著差异，供电安全问题可以得到显著改善；

（2）在可再生能源发电能力相比建筑负荷需求的比例较高时，直流供电相比于交流供电更加节省电费；

（3）直流系统在大量的分布式电源接入控制上，相对比较简单，便于建设方节省新能源接入的投资和运维成本；

（4）集中式的直流供电变换设备，相比于分散式的交流供电接入，在电能质量方面对电网更加友好和可控。

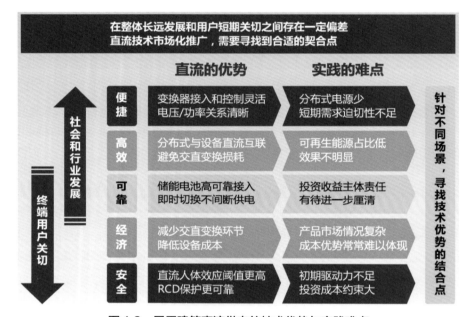

图 1-3 民用建筑直流供电的技术优势与实践难点

然而，从技术角度上看建筑直流配电有着明显的优势，但在实际建筑工程中规模化推广应用还面临着诸多的障碍。一方面已有的分析多是从节省"设备投资、节省电费"的角度开展论述，而直流供电技术的优势或者说核心驱动力，与建筑行业（尤其是直接服务于人的民用建筑）的需求还是有一定的差距，需要深入开展建筑行业、电器行业差异化需求的细致梳理。另一方面直流供电带来的"绿色、低碳、节能、环保"的长期收益，与建筑管理者和用户关注的"舒适、经济、便捷"直接诉求与短期利益并不完全一致。这样，就需要各方参与者更加深入地去审视直流相比于交流供电的其他差异点，以及这些技术差异与民用建筑的突出问题能否深度契合。因此，需要因地制宜、差异化地发展建筑直流技术，开展细致和深入的分析，尽可能最大化地发挥直流技术的优势。

本题编写作者：赵宇明

3. 直流电网能否取代交流电网？

首先明确的一点是，直流与交流并非泾渭分明的二选一，并非直流要取代交流。实际上，直流供电已经与交流并行存在了 100 多年，一直在工业和很多专用领域得到应用。现阶段，乃至可以预见的很长一段时间内，直流供电是作为交流供电的补充和完善的角色存在的。

在"电网"层面，无论是输电网、配电网使用的直流系统，其适用性和可实施性主要由电力电子装备和控制保护装备的成本与性能来决定。由于这两类装备短期内无论是成本、体积、运维的复杂性，还是可靠性等方面，直流都无法替代现有的交流系统使用的线圈类设备（变压器、电抗器）和自动化装置。同时，高电压等级的直流断路器的价格、体积、可靠性等指标，也完全无法与现有的各类型交流开关设备去对比。因此，直流电网不可能替代交流电网。但是在大容量远距离输电、大区域异步联网、远距离海底电缆输电等场合，或者一些特种供电场合，直流已经得到了广泛的应用，并且有着不可替代的优势和应用价值。

在"建筑"层面，建筑直流供电可以给用户带来若干明确的收益，特别是对于建筑可再生能源的接入和利用，直流配电具有独特的优势，直流系统电压和电流的控制更加灵活方便，可以不依赖于控制系统，通过电压传递功率需求信息实现系统的稳定运行。这一特点使得直流系统功率分配、调节和控制变得更加简便，与常规依靠通信等方式对设备进行控制相比，不需要主从控制中心，不需要专门配置通信，不需要单独配置传感器，设备成本更低，可靠性更高，非常适合"点多、量大面广"的民用建筑分散控制场合应用。但是考虑到建筑类型多样，设备产品配套以及习惯和认知等复杂问题，建筑直流供电普及应用历程必然是在一个在特定场景内长期和持续的过程。

本题编写作者：赵宇明

4. 为什么说直流系统是简单的？

交流和直流最直观的区别可从波形图看出，如图 1-4 所示，与交流相比，直流没有变化的周期、相位、频率等参数，电压是表征直流的最主要参数。正是因为这个"单纯"的特性，决定了直流在不同的应用场景中都有"简单"的优势。

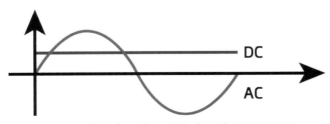

图 1-4　直流（DC）与交流（AC）波形示意图

如图 1-5 所示，在高压输电领域，直流"简单"的优势明显。首先，直流输电使远距离输电系统更稳定。由于直流输电没有相位和功角，当然也就不存在稳定问题，这是直流输电简单的重要体现。其次，直流输电使线路故障处理更简单。对于占线路故障 80%～90% 的单相（或单极）瞬时接地而言，直流比之交流具有响应快、恢复时间短、不受稳定制约、可多次再启动和降压运行来消除故障恢复正常运行条件等多方面优点。

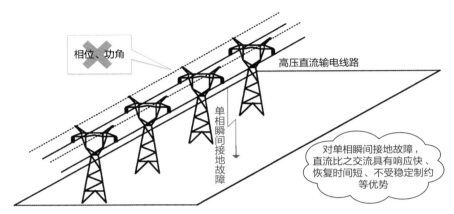

图 1-5 高压直流输电线路及单相瞬时接地故障示意图

在建筑配电领域，直流"简单"的特性使分布式能源的接入和协调控制更简单。分布式发电系统，如光伏电池和燃料电池以及先进的电能存储系统，如蓄电池、飞轮储能、氢储能和超级电容器等，均可以直流电的形式产生电能。如图 1-6 所示，这些分布式能源设备通过直流－直流（DC-DC）变换器进行一次电压变换就可以实现接入，比交流配电系统中需要经过直流－交流－直流（DC-AC-DC）的逆变＋整流结构减少了一次变换过程。同时，由于只有电压一个表征参数，也降低了在多个分布式能源之间做协调控制的难度，有利于建筑分布式能源系统实现更加灵活、经济的控制策略。

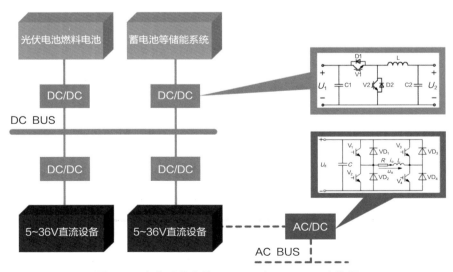

图 1-6 电力系统中的 DC-DC 与 AC-DC 变换器

在终端用电电器方面，直流"简单"的特性使电器更简单、用户更方便。我们在日常生活中使用的大部分电器其内部电路中均使用直流电。在交流供电条件下，电器都需要配置电源，将交流电变换为所需电压等级的直流电，如 LED 照明、电脑、电视和其他电子设备等。而采用直流系统，电器的使用就不再需要经过交流到直流的变换，最直观的表现就是我们使用的笔记本电脑和手机等小功率的移动设备不用再配充电器了。

本题编写作者：潘雷

5. 直流供电真的节能吗？

生活中，我们常见的手机、电脑、LED 灯、储能电池、光伏等都是采用直流电进行供能的设备。但是由于目前电网主要采用交流进行输配电，因此，这些直流设备都需要借助换流器将交流电变换为直流电才能使用，比如手机的充电插头。细心的人会发现手机充电时，插头摸起来是热的，这是换流器在换流时耗散的能量。这一类由于变换器需要进行交、直流变换而产生的能量损耗，我们统称为变换器损耗。

通过对南方某商业建筑的用能统计，我们发现其光伏发电占网侧购电量 40%，交流系统中的变换器损耗占系统总电量的 19%，也就是说如果能采用直流供电，减少部分换流环节，我们能节约更多的用能和电费。

但是由于目前电网主要采用交流输配电的形式，所以我们现在如果想在建筑中采用直流供电的形式，还需要在电网侧增加一组集中换流器，将交流电转变为直流电，再分别给相关设备供电。由于集中换流器规模大、成本高、技术成熟度也高，因此其能效一般高于小功率设备的换流器。所以即使在当前输配电网的情况下，在建筑中采用直流供电，依然能节约总的用电量。通过计算表明，通过换流器接入交流配电网的直流建筑，直流供电能减少 6.5% 的电费，变换器损耗约占 18.4%，其中网侧变换器损耗约占 5%，这部分损耗随着直流配电网的推广有可能进一步降低。

此外，随着光伏等可再生能源在建筑中应用比例的增加，如图 1-7 所示，由于光伏和储能都是采用直流的形式发电或用电，因此直流建筑在变换器损耗的优势会更加明显，能进一步节约用能。最后，由于直流变换器研究刚起步，其能量转换效率有很大提升空间，因此直流建筑有望进一步减少系统损耗，提高系统能效。

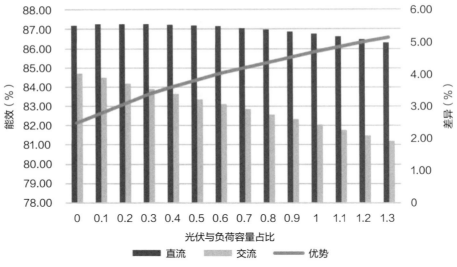

图 1-7　光伏接入比例对系统能效水平的影响

注：优势指直流供电相比交流供电的能效优势，即直流系统比交流系统能效高出的百分点。

本题编写作者：李海波

6. 直流供电真的安全吗？

电击伤害中对人体造成影响的决定因素不是电压，而是电流和电流持续时间。电流对人体的效应可用感知、反应、疼痛、摆脱、心室纤维性颤动等阈值表征。其中摆脱阈是指人手握电极能自行摆脱时的接触电流最大值；心室纤维性颤动阈则是指通过人体能引起心室纤维性颤动的电流最小值，人体被电击时，若流经心脏的电流超出该阈值，则认为有心脏受损的危险，是不可接受的。与交流不同，直流电流没有确切的摆脱阈，即被直流电击时易于摆脱，直流电流与其能诱发相同心室纤维性颤动概率的等效交流电流的有效值之比为 3.75。因此，实际应用中直流发生的事故比相同有效值的交流要少得多，直流供电在安全性能上具有十分明显的优势。

图 1-8 反映了电流路径为纵向向上（脚为正极，手为负极）的直流电流对人的生理效应与电流值和流通时间的关系。从图中可见，对人体的效应分为 4 个区，各区的含义见表 1-1。如果流经人体的电流值位于曲线 b 的左侧则通常没有任何有害的电气生理效应，"很安全"；而在曲线 c_1 的左侧，即不进入 DC-4 区，则通常没有预期的器官破坏和心脏受损的危险，"较安全"。

目前从现有的一些研究和成果来看，直流系统多数采用较低的运行电压（如 DC48V），在保证供电能力的同时，可提升供用电设备的安全性。表 1-2 为考虑接地方式、暴露情况、发生风险后，交直流系统不同电压等级供用电设备的安全风险等级评估结果。直流 48V 用电设备在不同情况下的安全风险等级比其他设备低 3～4 级，体现了低压直流安全性获得较大提升。

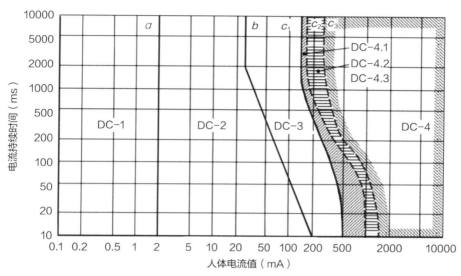

图 1-8 交直流电击效应时间 - 电流区域对比

人体对电流的生理效应   表 1-1

区域	区域范围	生理效应
DC-1	直线 a 左侧	通常无反应，可能有轻微刺痛感
DC-2	2mA 至折线 b	通常没有有害的电气生理效应
DC-3	折线 b 至曲线 c_1	通常没有预期的器官破坏，但不排除可能发生无意识的肌肉收缩和可逆的心脏功能紊乱
DC-4	曲线 c_1 以上	可能发生病理学效应，如心搏、呼吸停止等，DC-4.1～DC-4.3 区的发生概率依次增大

交直流用电设备安全风险等级对比   表 1-2

接地方式	暴露情况	发生风险	操作人员	DC		AC	
				空调（375V）	插座（48V）	空调（380V）	插座（220V）
IT	—	—	—	1	1	1	1
TN	短时间暴露	—	专业	3	1	4	3
			非专业	4	1	4	4
	长时间暴露	一切正常	专业	3	1	4	3
			非专业	4	1	4	4
		绝缘破损	专业	5	2	5	5
			非专业	5	3	5	5

同时，通过合理的供电模式设计可进一步提升直流系统的安全性。根据直流电击效应的阈值存在极性差异，可以提高直流系统较之交流系统的安全性。采用 IT 接地方式，减少故障电流实现低压直流供电系统对单点接地故障的本质安全性。表 1-3 给出了 TN 交流系统和 IT 直流系统伤害概率的对比情况。采用合理的供电模式，能够有效降低发

生高度伤害和死亡的概率，提升系统的安全性。

交直流系统伤害概率对比   表 1-3

伤害发生概率（%）	AC	DC			
		单点故障		两点故障	
	380V	375V	240V	375V	240V
S_0-无伤害	99.52	100	100	99.97	99.97
S_1-轻微伤害	0	0	0	0	0
S_2-高度伤害	0.408	0	0	0	0.025
S_3-死亡	0.072	0	0	0.029	0.004

综上所述，因为低压直流供电系统发生伤害的阈值高、可低电压运行，通过合理的供电模式设计，可以进一步提高其安全性。

本题编写作者：钟庆、许烽

7. 直流供电可靠性高吗？

供电系统的可靠性是由发电设备、输变电以及用户配用电设备的可靠性叠加构成的。在用户侧供电可靠性指标以平均停电时间作为主要的衡量指标，例如某用户一年时间内累计停电时间为 10h，其供电可靠性为 99.886%。如图 1-9 所示，我国 2019 年全国用户平均停电时间 13.72h/户，全国 50 个主要城市用户平均停电时间为 6.04h/户，平均供电可靠率为 99.931%，供电可靠性保持较高水平。

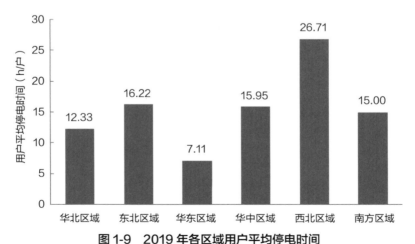

图 1-9　2019 年各区域用户平均停电时间

目前供电可靠性的提升，主要依靠电源和输配电设备的冗余配置来实现。这种冗余配置的方式造成了电力基础设施投资持续增加和电力设施资产利用率不足现象并存的困境，也侵蚀了用户用电成本的进一步降低空间。

　　建筑直流供电系统涉及交直流变换器、直流变压器、直流断路器等关键设备，受限于电力电子元件的技术发展水平，直流变压器、直流断路器等直流设备的运行可靠性远低于交流变压器、交流断路器等交流设备。但是，直流配电系统电源不仅有市政电源，还有如光伏、风电及储能等分布式电源，供电电源形式更加多样，并且相较于交流供电，直流供电能够便捷地实现闭环运行，使当前直流供电可靠性指标已接近交流系统，可用率高达 99.99%，即年均停电时间不足 1h。加之近年来，电力电子元件需求量的大幅度提升，相关技术也在日新月异地优化，相信在不久的未来，直流供电的可靠性能够达到交流供电的相当水平。

　　随着用户对安全性和电能质量的要求逐步提高，推动直流供电技术发展，更换直流供电模块将像换灯泡一样便捷省时，直流配电系统应用场景如图 1-10 所示。可以预期：直流供电可靠性将达到甚至超过交流系统。

图 1-10　直流配电系统应用场景

本题编写作者：汪隆君、许烽

第2章 直流建筑工程应用

8. 直流供电适用于哪些建筑?

在"建筑供电直流化可以带来什么好处?"的回答里面,我们给出了建筑采用直流技术相比于交流供电的若干优势,即主要体现在"安全、绿色、高效、便捷、电能质量"等几方面。但是,考虑到不同地区、不同类型、不同体量的建筑,以及建筑的建设方、管理方和使用方,对于直流供电技术优势的关注和需求各不相同,且可能存在相互矛盾之处。因此,需要根据建筑自身的特点,梳理建筑供电直流化(或者部分直流化)之后,是否能够获得最大的综合收益,来判断是否以及如何实施建筑直流供电系统,主要包括系统的电压等级、接线接地、设备选型、控制方法和保护配置等具体方案。

先举一个例子。因为人体对于直流电流的耐受能力更高,且直流剩余电流检测装置对于供电系统运行时存在的干扰耐受能力更强,在保证必要的供电能力的前提下,建筑使用直流供电方案可以获得比现有交流供电方案更优的人员电击安全防护水平,且不会显著增加投资成本。人员防触电水平的提升,对于部分特殊功能的建筑,例如中小学教学楼、幼儿园、养老院等,具有十分重要的意义。是否可以仿照现有建筑消防等级,按照人员防触电防护能力,给出建筑用电安全的等级指导意见,是一个值得探讨的有意义的议题。

再举一个例子。目前,用电设备的电源普遍电力电子化,例如变频空调、电梯、LED、电视、感应式的厨电电器、大量的消费类电子产品等都使用了变频器或者开关电源等。然而,根据现有的家电或者相关设备的国家标准,对于电器电源侧的谐波要求设置的比较低,导致大量设备一起工作时,会产生较大的谐波电流,在建筑内部的供电系统内流动,并渗透到电网上。大量的谐波电流会增加供电损耗和电容故障概率,传递到电网的谐波电流会对输变电设备、电网损耗和其他用户等造成更广泛的不利影响。如果采用直流供电,集中式的交直变换设备可以采用更优的形式和控制方式,便于实现交直流侧谐(纹)波电压和电流的管控,降低供电损耗,并对电网更加友好。因此,对于用电设备高度电力电子化的建筑或者园区,集中式直流化供电可能是未来提高电能质量问题的一个重要途径,图2-1为某建筑园区超标的谐波电流情况。

此外,对于光伏发电占比高的建筑场景,例如大型仓库和工业厂房、农村居民建筑、偏远地区的独立供电系统等,都可以考虑采用直流方案以实现更高的可再生能源利用效率、更简洁的控制方案、更优的人员安全防护和更好的电能质量等实际收益。

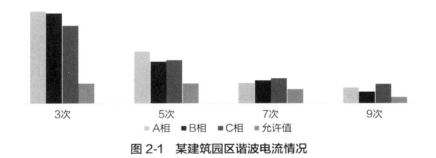

3次　　　　5次　　　　7次　　　　9次
■ A相　■ B相　■ C相　■ 允许值

图 2-1　某建筑园区谐波电流情况

总之，现阶段不太可能将直流的应用限定在某类建筑中，但是如果考虑到技术有序应用的话，我们认为在城市地区对于安全有特殊要求的建筑，以及有较高比例光伏接入和应用条件的建筑或场景是未来一段时间建筑直流应用重点关注的方向。

本题编写作者：赵宇明

9. 直流建筑工程应该避免哪些认识误区？

建筑采用直流技术相比于交流供电具有"安全、绿色、高效、便捷、电能质量"等几方面的优势（图 2-2 为交流大电网与直流微电网结构），但在实际工程应用中还应避免以下几个认识的误区才能有效发挥直流配电的优势，具体来说：

（1）用集中的形式来考虑分散的民用建筑。现有的"发、输、变、配"电网体系形成了大电网系统，其控制也多采用集中式控制；而民用建筑量大面广，需求多样，差异性大，直流系统则可以组成微电网，与光伏、用户储能等新能源结合，采用就地消纳的模式，进行就地分散控制。

（2）用交流的造价来衡量直流的效益。直流配电作为一个起步伊始、产业规模极其有限的产业，当前价格不具优势是正常现象。但直流配电的经济性应首先放在能源变革的大环境下考虑，以整个社会效益来评价。此外，在性价比维度上，不能将其直接与常规的无法交互、低可靠、低电能质量的交流配电系统相比。当二者的互动性、供电可靠性、电能质量要求一致时，交流系统的价格优势将不复存在。而直流固有的安全性，是交流无法用经济投入来解决的。

（3）在交直流电器之间界定鸿沟。一般家用电器都是交流电接入，但真正送到耗电设备的都是通过整流器整流后，变成直流电，就是交流电接入，直流输出。而且大部分必须采用直流电，例如电视、电话、电脑、LED 电灯等。而那些大功率的家电，如空调、冰箱、电饭锅等，其实也完全可以采用直流电。

（4）直流系统的电压是要稳定的。交流系统在运行时需要保持电压和频率的稳定，220V 和 110V 是不同国家采用的民用交流电电压标准。我国采用的是 220V/50Hz，美国和日本是 110V/60Hz。而在对直流系统进行控制时，由于没有频率的限制，可通过对电压的调节实现系统的功率平衡，因而直流系统电压可以运行在一定的合理范围内，并在合理范围内波动，通过电压带对其进行控制。

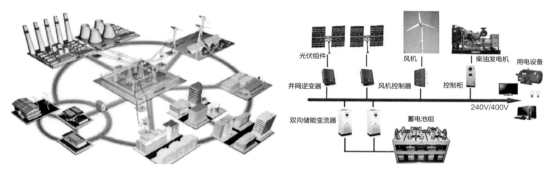

图 2-2　交流大电网与直流微电网结构

本题编写作者：陈文波

10. 在农村建低压直流网有什么优势？

与城市电网相比，农村供电线路容量较小，这是由于相对于城镇，农村用电量的确很小；且农村处于电网末梢，送电距离长，电网建设相对落后；而随着农村居民生活水平的不断提高，农民家用电器种类和数量也不断增多，农村包括电压偏低、三相不平衡等电能质量问题较为明显。

另一方面，农村地区有着自然环境和空间优势，如地域开阔、人口密度低、屋顶可开发面积大。因此，可再生能源如光伏、风力、沼气等，天然就非常适合在农村环境中应用。随着近年来能源革命的不断推进，在新能源富集的农村地区进行低压直流电网建设（图 2-3），采用新能源发电就地消纳、余电上网（直流网）方式，可有效缓解农村地区电能质量问题，降低农村电价、减轻农民负担，对提高农民生活水平，开拓农村市场，繁荣农村经济具有十分重要的意义。

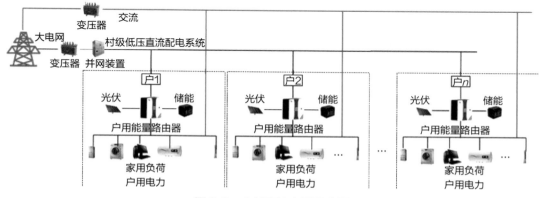

图 2-3　农村直流电网示意图

本题编写作者：陈文波

11. 直流建筑工程造价高吗？

直流建筑与交流建筑工程造价比较实际上很难给出一个统一的、确定的结论，但工程造价又是决定推广应用可行性的重要因素，因此，从造价构成方面进行对比。直流建筑和交流建筑在工程造价上区别主要集中在变换器、断路器、线缆和用电器 4 个方面。

（1）变换器

直流建筑比交流建筑增加了系统并网的 AC/DC 变换器，但减少了光伏和储能前端整流用变换器，如图 2-4 所示。因此，当光伏和储能配比越高，交流建筑中变换器使用数量越多，直流建筑与交流建筑工程造价差异越小，甚至小于交流建筑的初始投资。

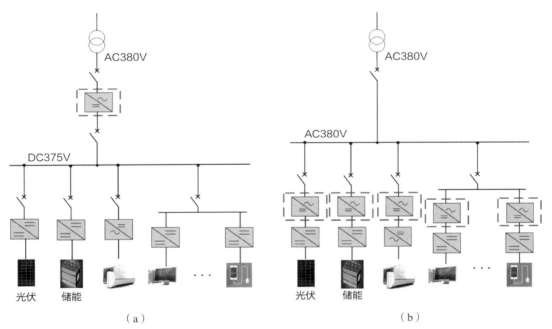

图 2-4　直流、交流系统变换环节对比

（a）直流系统；（b）交流系统

（2）断路器

交流断路器一般采用机械断路器。直流断路器目前主要有两种：机械断路器和固态断路器。直流机械断路器对灭弧和耐压（≥ 500V）的要求比交流断路器高，因此直流机械断路器的触头系统、灭弧系统和导电系统造价均比交流断路器有所提高。固态断路器采用电力电子器件，其工程造价远超交流断路器。

（3）线缆

在导体截面的选取上，同等功率需求和电压等级下，由于直流不具有趋肤效应、无需传输无功功率，且电场分布均匀，因此一般直流导体的截面可以比交流线缆小一级。

当交流采用三相系统，而直流采用双极系统时，满足同样负荷需求时直流系统可以减少线缆数量。因此合理选择电压等级和供电模式可使直流建筑在线缆上的投资比交流建筑低。

（4）用电器

将常见的用电器从交流供电改为直流供电，可减少相应的整流环节。对于大功率设备直流化改造需额外增加充电回路和直流接触器，但整体成本略有减小；对于小功率用电器仅需用热敏电阻限制启动电流，整体成本降低明显。因此，直流用电器相对交流用电器成本有所降低。

考虑到目前直流相关产品并未实现规模化生产，实际建设中更多采用定制化设备，因此现有的直流建筑相比交流建筑造价会更高。但随着直流产品市场的逐步形成，未来直流供用电设备的价格会逐渐下降，进一步减少二者工程造价上的差异（如表 2-1 所示）。

直流与交流建筑工程造价对比   表 2-1

元件名称	投资比较	差异原因
并网变换器	↑	直流需要并网变换器
光储用变换器	↓	光伏，储能通过直流并网可减少一级变换环节
断路器	↑	触头系统、灭弧和导电系统高于交流
线缆	↓	不存在无功，绝缘要求低，导体数量少
用电器	↓	减少了整流环节，直流充电回路与接触器成本接近

投资方面差异体现在工程造价上。收益方面，从系统的评估要素出发，目前建筑直流系统相对交流系统的收益主要体现在电气安全性、能效以及可靠性上的收益。

（1）电气安全性收益

使交流建筑与直流建筑具有相同电气安全性能所需的改造费用为电气安全性收益。不同直流系统形态的电气安全性收益主要受该形态下系统特低压供电负荷数量的影响（图 2-5a），特低压供电负荷越多，电气安全性收益越高。

（2）能效收益

交流建筑与直流建筑系统损耗对应的电费差值为能效收益，为长期收益；不同形态直流系统的能效收益受该形态下系统直流负荷占比，光储接入比例等因素的影响（图 2-5b），一般直流负荷占比和光储接入比例越大，相应的能效收益越高。

（3）可靠性收益

交流建筑与直流建筑可靠性差异对应的系统产值损失差值，以及维护费用差值为可靠性收益。不同形态直流系统的可靠性收益主要受该形态下系统的变换器接入形式与冗余设计的影响（图 2-5c），变换器元器件所受电流应力越小，设备寿命越长，可靠性收益越高。

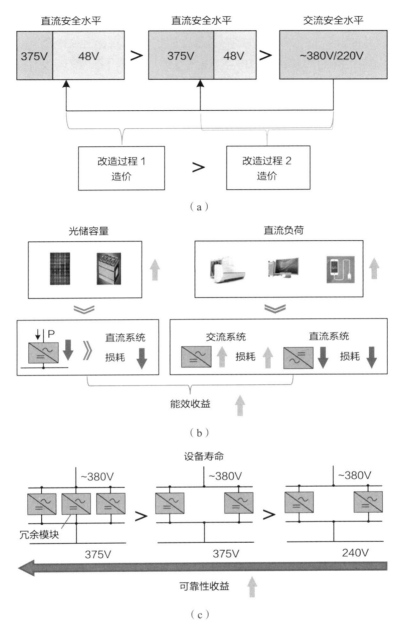

图 2-5　不同形态直流系统收益影响因素

（a）电气安全性收益；（b）能效收益；（c）可靠性收益

本题编写作者：钟庆

12. 建筑中采用直流供电有哪些标准可以参考？ ···

标准是低压直流技术规模化工程应用的关键瓶颈之一。业内建立统一的直流标准的呼声越来越强烈，相关国际标准组织也已经开展了直流系统标准化工作。

国际电工委员会（IEC）于 2009 年正式启动了低压直流相关标准化工作，先后成立了低压直流配电系统战略组（IEC/SMB/SG4）、低压直流配电系统评估组（IEC/SEG4），并于 2017 年成立了低压直流及其电力应用系统委员会（IEC SyC LVDC），具体负责标准化工作，从标准体系、市场、电压等级、保护等多个角度开展低压直流（LVDC）研究与评估。

2018 年 6 月德国电气工程、电子和信息技术行业标准化组织（DKE）发布了"德国低压直流标准化路线图"，标准化路线图主要包括四个工作组，着眼于安全、保护和网格结构（含系统拓扑）和经济性等内容。

2018 年 11 月 IEEE-PES 成立了直流电力系统技术委员会，旨在搭建直流电力系统技术领域的国际信息互通平台，推动直流电力系统技术领域的快速健康发展，促进直流电力系统技术以及产业的支撑配套。

目前在通用领域，低压直流在系统及设备层面已有一些参考标准，同时在通信、交通等专用领域，也有部分行业标准可以参照。但对于量大面广、类型众多的民用建筑领域，标准化工作才刚起步，有待行业内积累更多的实验数据和工程经验，逐步形成和完善低压直流在建筑领域应用标准。

结合现有标准情况，现从电压等级、用电安全、接地方式、直流电器产品设计及安全性等方面，列举可参考标准见附录 1。

本题编写作者：袁晓冬

13. 什么是建筑用能柔性？

建筑用能柔性是指能够主动改变建筑从市政电网取电功率的能力。一般手段包括调节用电设备的功率，利用电化学储能、储热（冷）装置、建筑围护结构热惰性直接或者间接储存电能，以及调整用能行为等。

在直流建筑中，母线电压可以在较大范围的电压带内变化，而不限于额定电压值的±5%。如图 2-6 所示，通过 AC-DC 控制母线电压，以母线电压为信号引导各末端设备进行功率调节是直流建筑的一种最简单的柔性调节方式。

这种柔性调节方法的实现要求末端 DC-DC 或者用电设备的功率可以接受母线电压的控制。

例如：

① 连接蓄电池的 DC-DC 可根据母线电压的高低，电压高于某一设定值时充电、电压低于另一设定值时放电，同时母线电压越高充电功率越大、母线电压越低放电功率越大。

② 空调设备可以根据电压高低调整压缩机频率或者室内温度。充电桩还可根据电压高低决定充电速率，甚至在母线电压过低时从汽车电池中取电，反向为建筑供电。

③ 其他设备也可以根据自身特点在设备控制逻辑中增加母线电压高低与设备功率

大小的关联控制逻辑。

这样当 AC-DC 在控制直流母线电压升高或者降低时，各末端设备就可以通过监测电压来切换运行模式和调节功率大小。而各末端设备的动作效果又会体现在 AC-DC 的输出功率上，AC-DC 通过反馈控制来修正电压就可以使建筑功率逐渐趋近某一目标。这种基于直流系统的控制模式可以不依赖于 AC-DC 与建筑末端设备的通信，具有简单和可拓展性的优势，从而适应复杂多样的建筑终端设备和用户需求。

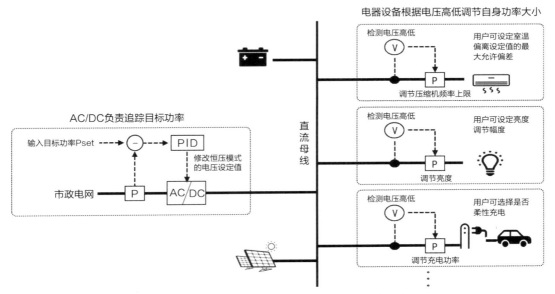

图 2-6　直流建筑基于电压信号的柔性调节方式示意图

本题编写作者：李叶茂、潘雷

第3章　直流建筑与电网

14. 未来高比例可再生情景下电网发电形态是什么样子？

在能源革命和数字革命相融并进，"3060"碳达峰、碳中和目标的大背景下，能源电力行业面临着前所未有的变化。以安全可靠、经济绿色、智慧开放、可持续发展的能源节约型社会为目标，以高渗透率接纳可再生能源、高比例应用电力电子设备、高速增长的可移动直流负荷等"三高"为主要特点的新一代电网正在逐步形成。

特别值得关注的是，碳中和将加速电力增长零碳化进程，促进传统配电网向主动配电系统、综合能源系统的逐步演化。未来电网将呈现以下主要形态：

（1）电源端

能源开发方式将向集中生产与分布式生产并重转变；可再生能源会逐步成为电网中的主要一次能源来源，高效可负担得起的光伏直流发电可能会日益增多。

（2）电网

将呈现大电网、局域电网和微电网并存的电网格局；广域大电网可有机整合各种可再生能源的时空互补性，并实现资源密集区域的电力向负荷密集区域的大容量远距离输送。局域电网和微电网可就地利用分散资源，高效可靠供电，产用储一体化。现有电网输配电能力的提升挖潜，精益化资产管理，尽可能最大化利用亦是重要任务。

（3）负荷侧

柔性负荷是未来最重要的终端能源。自下而上采用物联网（IoT）及身联网（IoB，如健身环、心脏起搏器等）和人工智能（AI）等新技术，将为负荷的柔性化和优化响应奠定基础；另外值得关注的是直流已经在我们身边，电子设备等直流负荷快速增长；风光储直柔的直流微电网和聚合体将大幅增加；大量并网主体如分布式电源、微电网、电动汽车（V2G）、新型交互式用能设备等多兼具生产者与消费者双重身份（pro-consumer model），负荷侧响应将是能源电力改革的一片蓝海。

（4）储能

储能技术是支撑可再生能源普及的战略性技术，随着技术的发展和材料的革命，越来越多的不同技术路线的储能装置将根据不同需求在源网荷侧安装，参与控制，平衡时空变化的源与荷。电动汽车亦可作为储能用，氢能技术等有望技术突破成为储能和能源利用的重要组成部分。

（5）运行模式

交直流混合电网；"源－网－荷－储"协同互动，灵活智能控制运营成为重中之重。

（6）理想目标

在功能上向着综合能源互联体系演进，逐步实现综合能源体系。以电为核心，网为平台，因地制宜的多元能源结构为基础，信息能源基础设施一体化的综合能源体系（multi-energy resources internet），朝着低碳化、高效化、数字化，可持续发展的清洁循环经济（clean and circular economy）的方向，实现能源结构生态化、产能用能一体化、资源配置高效化的全新的能源生态体系。

基于国家能源安全战略和 2060 年碳中和目标的综合考虑，我国能源转型需要大规模开发利用可再生能源，提高电能在终端能源消费中的比重。可再生能源大多数以电力的形式存在，因此建筑电气化成为可再生能源在建筑领域运用的必要途径，电气化可以使更高层次的可再生能源得到整合。目前高比例的可再生能源应用已成为国际社会应对气候变化、实现 2℃温升控制目标的必然道路和广泛共识。

很多国家都采取了实质性措施推动"高比例可再生能源发展"及"建筑电气化"。原因有三：

（1）风电、光电、核电的发展提高了电力供给中非化石能源的比重，建筑从城市电网中能够获取更高比例的可再生电能；

（2）风能、太阳能具有能量密度低、分布分散的特点，因此分布式是风光电源发展的重要形式，建筑场地周边的分布式风光电可以直接接入建筑配电系统构成建筑尺度的微电网，推动建筑分布式能源及供配电系统的发展；

（3）鉴于可再生能源以电能形式为主，能源低碳转型在推动供给侧可再生电能发展的同时，也在要求需求侧提高其电能占比以适应供给侧的变化。能源低碳转型推动着建筑能源系统为适应可再生、分布式电力的发展而发生转变。

国内外多家研究机构针对可再生电力能源的应用预测结果显示，预计到 2060 年，建筑非化石电力供给比例至少达到 60% 以上。

2015 年，国家发展和改革委员会能源研究所等多家能源研究机构联合发布《中国 2050 高比例可再生能源发展情景暨路径研究》，指出可再生能源电力是实现化石能源替代的根本途径，中国可再生能源在 2050 年能够供应 60% 以上的一次能源消费，其中风电和太阳能发电成为未来绿色电力系统的主要电力供应来源。

2020 年 11 月，国网能源研究院发布的《中国能源电力发展展望》报告显示，在终端用能结构方面，电能逐步成为最主要的能源消费品种，2025 年后电力将取代煤炭在终端能源消费中的主导地位。电能占终端能源消费比重 2050 年、2060 年有望分别达到约 60%、70%。分部门来看，工业部门电气化率稳步提升，2060 年电气化率从 2020 年的 26% 提升至 69%；建筑部门电气化水平最高、提升潜力最大，2060 年电气化水平提升至 80%；交通部门电气化水平提升最快，将从 2020 年的 3% 提升到 2060 年的 53%。

2020 年 11 月，深圳市建筑科学研究院股份有限公司和能源基金会共同发布的《建筑电气化及其驱动的城市能源转型路径报告》中远期目标预测结果显示，预计到 2050 年除了北方集中供暖使用热电联产和农村使用生物质外，其他建筑用能需求基本上实现电气化，人均建筑用电量达 3400 kWh，建筑电气化率达到 90%（发电煤耗法），建筑非化石电力供给比例达到 90%（表 3-1）。

建筑电气化的发展目标 表 3-1

分类	指标	2018 年	2025 年	2035 年	2050 年
电力供给	城市分布式光伏覆盖率	0.5%.	1.4%	2.7%	3.0%
	建筑非化石电力供给比例	29%	40%	55%	90%
	建筑供电可靠率	99.94%	99＋X%		
电力消费	人均建筑用电量（kWh）	1180	2000	2600	3400
	建筑电气化率	48%	60%	75%	90%
	建筑用电量占全社会用电量比重	26%	30%	35%	40%
项目建设	建筑光伏装机容量（GW）	20	80	300	1000
	建筑储能配置容量（GWh）	—	0.5	25	300
	"光储直柔"建筑面积（亿 m²）	—	0.5	20	200

本题编写作者：马钊、陆元元

15. 电网希望什么样的用电负荷？

电网的职责是保障电能输配的安全性、可靠性和经济性。而具有确定性、灵活性和可中断性的用电负荷能够有效提高电网的安全性、可靠性和经济性，因此更受电网欢迎。

（1）确定性。由于电力无法大量储存的特性，电网必须保证发输配用的实时平衡，如果发电和用电量两端无法保证平衡，严重时可能会导致大面积停电。目前电力平衡调节的主要手段是改变发电机组出力或者调度调峰调频机组。面对具有不确定性和波动性的用电负荷时，电力系统必须备有一定容量的发电机组和调峰调频机组，导致电源建设投资的增加和设备运行经济性的下降。因此，通过负荷预测、负荷管理等手段提高用电负荷的确定性，能够方便电网优化电力系统的规划和调度，从而减小备用容量，降低投资运行成本。

（2）灵活性。一方面，在电气化趋势下电力负荷峰值的增长速度高于电量的增长速度，导致城市配电网增容承受较大压力，尤其未来还要普及充电桩。然而，实际中民用建筑变压器的平均负荷率并不高，例如深圳商业办公建筑变压器有 82.5% 的时间是运行在 25% 负荷率以下的。城市电网实际运行中占最大负荷 5% 的尖峰负荷的持续时间也仅为数十小时。所以，用电负荷如果具有将其峰值转移到低谷的灵活性，就能够有效缓解城市配电网增容并提高配电设施利用率。另一方面，未来随着能源低碳转型，风电、光电等可再生能源在电力供给侧的占比越来越高，电网对灵活性的需求越来越高，但可供电网调度的火电机组却越来越少，因此未来电网需要必须配置大量的电力储蓄装置来应对供需之间的不匹配。根据《中国能源电力发展展望 2019》预测到 2050 年抽水蓄能容量将达到 1.6 亿 kW、以电化学储能为代表的新型储能容量将达到 3.2 亿 kW 左右。发展用电负荷的灵活性，使用电负荷能够跟随可再生能源发电的规律变化，就可以减少电网储能的压力和成本。

（3）可中断性。提升电网可靠性一直是电网规划建设和运行调度的核心目标。统计数据显示，2018 年我国 333 个地级行政区平均供电可靠率为 99.826%，其中城市用户平均供电可靠率为 99.946%，达到了国际领先水平。但现阶段供电可靠性的实现主要是依靠电网侧电力设施冗余配置实现，这不仅使电网企业承担了巨大的投资压力，也制约了可靠性进一步提高。建筑中有可中断负荷，例如光储直柔建筑就可以利用分布式电源和设备柔性调节能力使建筑能够短期离网，有利于提高电力系统的可靠性，降低冗余电网建设投资，建立供需联合的电力保障体系。

本题编写作者：李叶茂

16. "光储直柔"如何提高供电可靠性？

（1）供电可靠性是什么？怎么算？

电力可靠性，从电力系统的角度说，是按可接受的质量标准和所需数量不间断地向电力用户供应电力和电量的能力，从用户的角度可描述为让用户持续带电的能力。电力系统可靠性是通过定量的可靠性指标来度量的，可以是故障对电力用户造成的不良影响的概率、频率、持续时间，也可以是故障引起的期望电力损失及期望电能量损失等。

根据《供电系统供电可靠性评价规程》DL/T 836—2016，供电可靠率是指供电系统对用户持续供电的能力。计算方法是：在统计期间内，对用户有效供电时间小时数与统计期间小时数的比值，记作 $ASAI\text{-}1$（%）。

$$ASAI\text{-}1 = \left(1 - \frac{系统平均停电时间}{统计期间时间}\right) \times 100\%$$

若不计外部影响时，则记作 $ASAI\text{-}2$（%）。

$$ASAI\text{-}2 = \left(1 - \frac{系统平均停电时间 - 系统平均受外部影响停电时间}{统计期间时间}\right) \times 100\%$$

若不计系统电源不足限电时，则记作 $ASAI\text{-}3$（%）。

$$ASAI\text{-}3 = \left(1 - \frac{系统平均停电时间 - 系统平均电源不足限电停电时间}{统计期间时间}\right) \times 100\%$$

若不计短时停电时，则记作 $ASAI\text{-}4$（%）。

$$ASAI\text{-}4 = \left(1 - \frac{系统平均停电时间 - 系统平均短时停电时间}{统计期间时间}\right) \times 100\%$$

供电可靠性既反映了供电系统向客户持续供电的能力，又能显示出电能对国家经济需求的满足程度，是电力部门规划、检修建设等方面的综合体现。减少停电影响的损失是提高供电可靠性管理的重要目的和意义。

（2）供电可靠率数字意味着什么？

我们先看看国家能源局公布的数据。2020 年第四季度，全国 50 个主要城市供电企业用户供电可靠性继续保持较高水平，平均供电可靠率为 99.948%，用户平均停电时间为 1.15h/户，用户平均停电次数为 0.26 次/户。用户平均停电时间最长和最短的五个城市，以及用户平均停电次数最多和最少的五个城市的数据如图 3-1 所示。

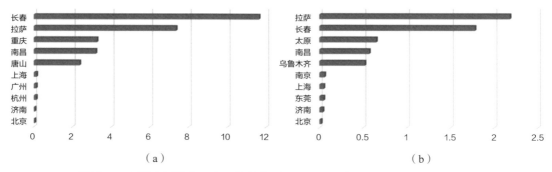

（a）　　　　　　　　　　　　　（b）

图 3-1　全国主要城市用户平均停电时间和次数最多及最少的五个城市数据

（a）2020 年四季度用户平均停电时间（h/户）；（b）2020 年四季度用户平均停电次数（次/每户）

从用户的角度我们理解供电可靠率，就是每年用户平均停电的时间，具体数值如表 3-2 所示。

不同可靠率下每年用户平均停电时间　　　　　　　　表 3-2

可靠率	小时	分钟	秒
99%	87	36	0
99.9%	8	45	36
99.99%	0	52	34
99.999%	0	5	15
99.9999%	0	0	32

当然具体咱家停电几次、每次多长时间是另外一回事啦，一方面取决于你所住的城市或农村当地的供电可靠率，一方面取决于"运气"吧。造成供电企业停电的主要原因包括计划停电和故障停电。计划停电主要是供配电设施计划检修、临时检修和电网内外部施工等造成的停电；故障停电包括自然因素、设备原因、异物短路、外力破坏等。

就像我们追求黄金纯度一样，电网和用户也在追求供电可靠率的不断提升，目前有的新区建设已经提出"5 个 9"，甚至"6 个 9"的目标。

（3）依靠光储直柔"99＋X"模式提高供电可靠率

仅从时间维度考虑供电可靠性，对于工业，尤其是不可间断的连续生产型，供电可靠率非常重要；对于建筑，大多数情况，我们不怕停电，怕的是不知道什么时候停电和停多长时间，但不同的负荷对于可靠性的要求不一样，比如高层建筑的消防系统、应急照明系统、数据中心负荷等，这也就要求我们在做建筑电气设计时进行负荷分级，对于重要的一级负荷采取双路供电等保障措施。

提高供电可靠率要在基础设施建设过程中付出高昂的代价，尤其是可靠性从 99% 向上进一步提升，如图 3-2 所示。我们国家电网在基础设施上已经投入了大量的资金，使我们的供电可靠率提高到了平均 99.9% 以上。

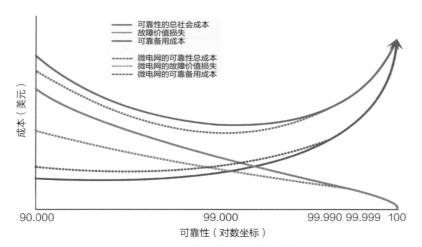

图 3-2　供电可靠率与系统成本的关系

但是我们也应该看到供电可靠率的不平衡，在发达地区和欠发达地区的不平衡，在城市和农村的不平衡，甚至是不同变电站之间的不平衡。进一步提高供电可靠率除了依赖于电网，我们自己——每一个电力用户，是不是能做点什么？

传统供电系统，我们只有 1 个电源，就是来源于市电，1 个刚性负荷，就是我们的建筑用能。在光储直柔系统中，我们相当于有了 3 个电源，包括太阳能光伏、市电和放电状态的储能；负荷也变为柔性可调节的，一方面负荷本身是可调节的，具有很高的灵活性，另一方面考虑蓄热和蓄电将进一步提高负荷的柔性。也就是说由过去两曲线的平衡转变为四曲线的平衡，如图 3-3 所示，通过光储直柔技术提高建筑供电的可靠性，能否实现四曲线动态平衡以及调节时间的长短等，取决于光储直柔的系统配置和运行控制策略。

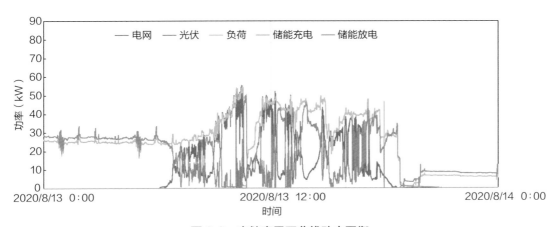

图 3-3　光储直柔四曲线动态平衡

采用光储直柔新型能源系统，可以在一段时间内实现离网运行，满足电网在计划和故障停电时的供电需求，而且对于用户是无感知的。在配置适当时，甚至可以作为双路供电的其中一路。这样在电网满足可靠率前 2 个 9 的时候，用户可以根据自身负荷的重要性和实际需求，自定义供电可靠率，并通过光储直柔技术实现后面"n 个 9"的保障，从而解耦供电可靠率，也就是我们说的"99 + X"模式。

当然光储直柔并不仅仅只是在停电时候发挥作用，更重要的是响应电网的负荷调节需求，实现友好用电，与此同时通过峰谷电价和需求响应等电力辅助服务，降低用户的电力费用支出，实现电网和用户的双赢。

本题编写作者：郝斌

17. 什么是需求侧响应和电力交互？

需求侧响应（图 3-4）是指电力市场价格明显升高（降低）或电力系统安全存在风险时，电力用户根据价格或其他激励措施，改变其用电行为，减少（增加）用电，从而促进电力供需平衡、保障电网稳定运行，是需求侧管理的解决方案之一。

需求侧响应可以充分唤醒负荷侧沉睡的资源，引导客户优化用电负荷，促进源网荷储友好互动，增强电网应急调节能力。需求侧响应可以分为削峰响应、填谷响应、日前邀约响应、分钟级响应等。

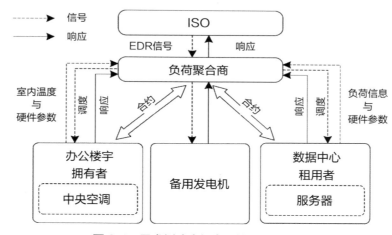

图 3-4 需求侧响应组合调控方法与流程

需求侧响应对于电力企业有以下优点：
（1）缓解高峰时段电力供应缺口，以及低谷时段电网调节压力；
（2）促进新能源消纳，提升电力系统整体运行效率；
（3）优化能源结构，朝着低碳、绿色、环保的方向发展。
对于电力用户有以下优点：
（1）培养节能、高效的用能习惯；
（2）通过节约能源，获取额外的补贴；

（3）充分发挥负荷资源的社会效益。

本题编写作者：许峰

18. 建筑中有哪些负荷是可以调节的？

目前建筑中的可调节设备包括电池设备、暖通空调系统、照明系统和智能电器等，如图 3-5 所示。这些设备或是可以转移用电负荷，或是可以削减用电负荷，从而改变建筑的负荷规律，协调可再生能源波动和建筑用户需求。其中：

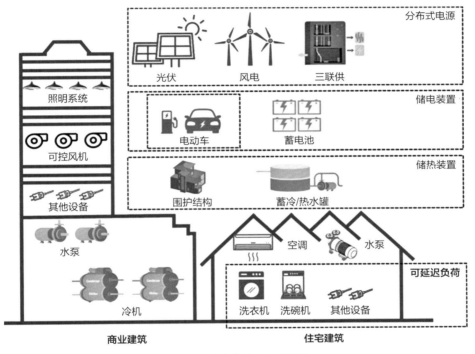

图 3-5 建筑中的可调节设备

（1）接入建筑配电网的蓄电池一方面可以作为建筑或者设备的备用电源，在电力供给故障时为建筑或者设备提供短暂的电力供给；另一方面，结合峰谷电价或电力市场价格蓄电池还可以在低电价时段储存电力，在高电价时段释放电力，从而来实现削峰填谷。

（2）电动汽车通过有序充电技术，可以避开用电高峰而选择在用电低谷阶段充电，在保障电力安全的同时还可以让用户享受低电价。此外，通过双向充放电技术，电动汽车还可以在保证用车需求的基础上，利用富余的电池容量来为电网储存过剩电力或反向输出电力，充当可移动的蓄电池设备。

（3）空调系统消耗了主要的建筑用电量，同时也是建筑需求响应技术的重点关注对象。一方面，建筑围护结构、集中空调水系统具有一定的蓄冷和蓄热能力，因此短时间的关闭空调或调整空调输出功率并不会显著影响室内环境温度，因此通过控制空调启停、改变变频空调的压缩机频率、切换中央空调末端风机盘管的风速挡位，或者放开室内温度的控制精度可以短暂地改变空调用电负荷，包括新风机组在保证室内二氧化碳浓度在合理范围内时也具有相似的调节能力；另一方面，主动配置蓄冷水箱或蓄冰系统将允许空调系统在更长的时间尺度下转移电力负荷，例如利用夜间谷电蓄冷削减白天高峰时段的空调负荷。在特殊情况或者用户允许的情况下，还可以放宽室内环境温度的控制精度，使空调系统具有更大的调节能力。

（4）照明系统从技术上可以考虑在用电高峰时段降低室内照度等级而降低照明功率。

（5）洗衣机、洗碗机等智能设备，在非急用的情况下，可以延迟启动从而避开用电高峰。

本题编写作者：李叶茂

19. 建筑与电网交互能赚钱吗？ ....●

建筑与电网的交互，来自于建筑中诸多的用电设备，直接使用电网提供的电力，建筑空调、供暖、照明等主要用电设备具有显著的昼夜、工作休息日、季节周期波动特点，且峰谷需求差异明显，一直是电网较难保障的对象。

早期的有建筑屋顶或外立面安装光伏板，发的电就地利用或上网，为了促进光伏的推广，上网的电"有价"。随着用电峰值攀升，为保障电网稳定，一些地方出台了峰谷电价的制度；或者在夏季负荷高峰时段，限制部分民用建筑用电；或者通过价格机制，供电方发出"减少负荷的进行补偿"通知；或者影响电力用户的用电习惯，减少或延缓用电负荷。这些举措，基本是供电方制定规则，用户被动接受。

随着2015年电力改革9号文件《关于进一步深化电力体制改革的若干意见》（中发〔2015〕9号）发布，建筑与电网的交互进入新的市场化阶段。各省电改的进度不一，方案略不同。以广东的电改方案为例，简单理解这个变化：达到要求的电力用户，可以自主选择买电对象（售电公司市场化），以及电力负荷"波形"，减少用电费用。售电公司，可以根据自己的专业能力，有计划地批发更便宜的电力，根据实时电价变化执行买卖策略，达到获利的目标。这个阶段，已经开始变化为，建筑电力用户可以主动地适应规则，并根据规则主动设计获利的策略，用户和售电公司，赚到了电厂效率提升释放的红利。

进一步的，随着光伏成本降低、储能方式的转变、建筑末端用电直流化，以及建筑用电本身具有较好的柔性，建筑与电网的交互，将产生非常多盈利赚钱方式，关键点是：在放开市场化交易的条件下，"电"在时间、空间点的价格差异，传统电力用户，综合光伏、储能技术，以及建筑用电柔性响应的能力，成为更具主动性和竞争力的玩家。

本题编写作者：彭琛

20. 有哪些电力市场化交易机制？我国有哪些省市开放了电力现货市场？

电力现货市场是现代电力市场体系的重要组成部分，是一种短期电力经济运行机制，不能等同或替代整个电力市场体系。现货市场主要开展日前、日内、实时的电能量交易，通过竞争形成分时市场出清价格，并配套开展备用、调频等辅助服务交易。

（1）电力市场分类

电力市场体系是构成电力市场的子市场的集合。按交易对象不同，电力市场分为：电能量市场、容量市场、辅助服务市场和输电权市场等，如表 3-3 所示。

电力市场按交易对象分类　　　　　　　　　　　　　　　　表 3-3

电能量市场	容量市场	辅助服务市场	输电权市场
• 促进发电与用电资源优化配置 • 反映电能量供求关系，形成价格信号	• 促进回收发电固定成本 • 激励电源建设投资 • 保障系统电力供应容量充足	• 通过市场化竞争确定调频、备用等辅助服务资源 • 保障电网安全稳定运行	• 确定跨区域输电容量权利 • 避免"网络阻塞"保障跨区域输电网络安全

按交易时间不同，电力市场分为：中长期市场、日前市场和实时市场，如表 3-4 所示。

电力市场按交易时间分类　　　　　　　　　　　　　　　　表 3-4

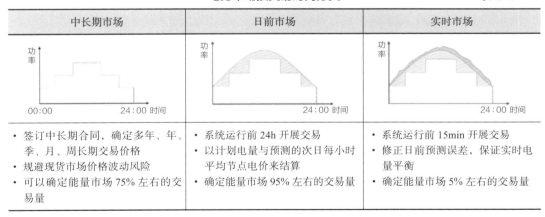

中长期市场	日前市场	实时市场
• 签订中长期合同，确定多年、年、季、月、周长期交易价格 • 规避现货市场价格波动风险 • 可以确定能量市场 75% 左右的交易量	• 系统运行前 24h 开展交易 • 以计划电量与预测的次日每小时平均节点电价来结算 • 确定能量市场 95% 左右的交易量	• 系统运行前 15min 开展交易 • 修正日前预测误差，保证实时电量平衡 • 确定能量市场 5% 左右的交易量

按市场性质划分，电力市场分为物理市场和金融市场，如表 3-5 所示。

电力市场按市场性质分类　　　　　　　　　　　　　　　　表 3-5

物理市场	金融市场
• 中长期物理合同 • 电能量现货市场 • 辅助服务市场 • 容量市场	• 中长期金融合同 • 电力期货市场 • 金融输电权 • 虚拟投标

（2）交易方式

1）双边协商交易。市场主体之间以年、月、周为周期，自主协商交易电量（电力）、电价，形成年、月、周双边协商交易初步意向，经安全校核和相关方确认后形成交易结果。

2）集中交易。集中交易包括省内集中竞价交易、挂牌交易两种形式。

① 集中竞价交易。市场主体通过电力交易平台申报电量（电力）、电价，交易中心根据调度机构提供的安全约束条件和市场交易规则进行市场出清，经调度机构安全校核后，确定最终成交对象、成交电量或容量、成交价格等。交易周期：年、月、周、日前、实时。

② 挂牌交易。市场主体通过电力交易平台将需求电量（电力）或可供电量（电力）及价格等信息对外发布要约，由参与交易另一方提出接受该要约申请，经安全校核和相关方确认后形成交易结果。交易周期：年、月、周等。

（3）电力现货市场建设

2017年8月，国家发展和改革委、国家能源局印发《关于开展电力现货市场建设试点工作的通知》，明确在南方（以广东起步）、蒙西、浙江、山西、山东、福建、四川、甘肃等8个地区开展电力现货市场建设试点。目前，8个试点地区已全部启动结算试运行，部分试点地区已完成多月长周期连续结算试运行。

2019年8月7日，国家发展改革委、国家能源局印发《关于深化电力现货市场建设试点工作的意见》的通知（发改办能源规〔2019〕828号），针对首批8个电力现货市场试点工作中面临的重点和共性问题，有针对性地提出政策意见或要求。2020年12月8日，国家能源局又发布了《电力现货市场信息披露办法（暂行）》，对于维护电力市场秩序，建设透明公平环境、开展信息增值服务有重要意义。

2021年4月，国家发展改革委、国家能源局联合印发《关于进一步做好电力现货市场建设试点工作的通知》（发改办体改〔2021〕339号），明确了在第一批8个电力现货市场建设试点地区的基础上，进一步扩大试点范围，拟选择上海、江苏、安徽、辽宁、河南、湖北6省市为第二批电力现货市场建设试点地区。

未来，随着我国电力市场化机制改革的深入发展，将有更多的省市开放电力现货市场交易。

本题编写作者：孙冬梅、许烽

第 4 章　直流配电系统

21. 直流配电系统由什么构成?

直流配电系统的主要设备包括交直流电源（外部交流电网与直流配电网之间，用于电压变换和控制的装置）、储能装置和光伏发电装置、直流断路器、剩余电流检测和保护装置等，如图 4-1 所示。

直流配电系统广泛使用各种类型的变换器，包括交直流电源中的 AC/DC 变换器，储能装置和光伏发电装置中的 DC/DC 变换器，以及变频空调中的 DC/AC 变换器等，变换器基于电力电子原理，采用功率半导体器件对电压 / 电流进行变换和控制。

变换器是实现电能变换的电气装置，是将电网以及分布式电源（太阳能光伏、储能电池）接入建筑配电系统必不可少的设备。直流变换器可实现不同电压、电流值的转换（DC/DC 变换器），或交流与直流之间的转换（AC/DC 变换器），或同时具备电压、电流转换与交、直流转换的功能。

在直流建筑中，变换器可根据电源的不同分为交直流变换器、储能变换器、光伏变换器 3 种。根据变换器的工作原理可分为隔离型、非隔离型。隔离型具有更好的安全性，宽电压表现更好，但是效率低且成本高；非隔离变换器技术目前也很成熟，可满足大部分直流应用场景需求，线路相对简单因此降低了成本。根据输入、输出电流方向可分为单向、双向变换器。随着技术的推陈出新，变换器使用的半导体材料也在同步发展，包括绝缘栅双极型晶体管（IGBT）、碳化硅（SiC）以及目前进入市场化应用的氮化镓（GaN）。

断路器及继电器（统称开关电器）是建筑配电系统控制与保护的基本组成。根据供配电需求，这些设备不仅能够控制所有电压等级线路中的通断，还可在电路出现故障时（如短路造成的过流）第一时间做出相应的保护措施，保障配电系统与用户的安全。

对开关而言，直流开关和交流开关从功能和原理上看并无差别，结构上基本相似。两者的区别在于灭弧能力上，尤其对于阻性负载。但是随着技术发展，目前已经有解决方案和产品，可以针对不同负载特性，采取合理的灭弧措施。对于断路器和继电器目前也有解决方案和产品，特别是已有适用于各电压等级的直流漏电保护产品。

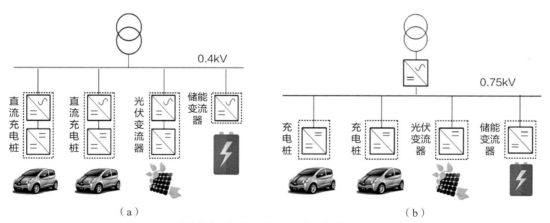

图 4-1　交流系统与直流系统的区别

（a）交流系统；（b）直流系统

本题编写作者：李叶茂、许烽

22. 直流配电系统需要怎样的电压等级？

　　民用建筑场景中电器类别繁多，需求复杂，因此，电压等级的选择需要以简洁、安全和高效为原则。一是用尽可能少的电压等级满足尽可能多的末端负荷用电需求，电压等级不宜过多；二是尽可能使用较高的直流电压，降低电流，允许使用直径较小的电缆，并减少配电功率损耗；三是采用相对较低的电压，控制电击事故可能带来的人身伤害后果。第一个原则，主要影响负荷的适应性，而后两个原则，因为存在矛盾，需要结合系统保护统筹考虑。

　　从建筑电力输配角度所需的电压等级来讲，DC350~400V 是比较适合选择范围。一方面此范围内的电压在能量输送能力方面高于同电压等级三相交流电，该电压水平供电功率可达到百千瓦级别，建筑中绝大多数的空调、办公设备、照明和小型数据中心的供电需求都可以覆盖；其次此电压范围有利于分布式电源的接入。一般情况下建筑内的小型用户侧储能系统和可再生能源系统容量通常在十几千瓦到几百千瓦，通过交直流逆变或换流器环节接入电网的直流电压范围在 300~600V 之间，可兼顾效率与安全，方便连接到这个直流电压水平。另一方面，此范围内的电压等级绝缘耐压符合现有低压交流电缆的绝缘要求，有利于利用低压交流配电网的现有资源进行直流配电网的改造；最后在此电压范围内的直流断路器技术也相对成熟，国内外主流厂商在此电压范围内都有成熟的直流灭弧方案和产品选择。现有示范项目多数选择在此电压范围内也侧面证明了具有较高的工程可行性和一定普适性。

　　在此电压范围内选择哪个电压等级作为标称电压等级并没有本质的区别，实际上直流系统区别于交流系统的优势就在于电力电子变换器具有较宽的输入电压适应范围，直流母线的电压在实际运行中可以供需平衡状态进行波动而不影响末端电器的用电电压，并且母线电压的波动可以作为控制信号进行需求响应和过载保护控制，简化了底层多换流器设备并联的稳定性控制。目前，在进一步研究和编制过程中的国内外相关标准和技术导则都在尝试定义直流微网系统的电压带波动范围，使分布式可再生能源在建筑配电系统的中接入和控制更加简单、可靠。

从系统安全保护的需求来看，单极 TN 接地方式允许的电压等级最高，可以更好地兼顾，但在实际应用中，交流串入和迷流问题比较棘手，不适合线路较长，且条件复杂或容易遭受损坏的场合；如果降低对单点接地故障准确定位要求，或是采取 DC-RCD 配合的方式实现故障定位，在民用建筑领域可以采用 IT 接地方式，而为了限制两点故障情况下的电击事故危险，同时兼顾供电能力的要求，应优先采用单极形式。以交流为参照，单极 IT 接地系统的电压上限为 240～280V，供电能力不能满足 300m 距离的要求，建议采取更多依靠保护技术的策略来解决这个矛盾。民用建筑的电气安全基础条件较好，单点偶发性故障的概率更高，而 IT 接地方式正好可以杜绝单点故障的危险，在这种情况下，如果认为单极接地故障可以依靠保护装置有效排除，那么单极 IT 接地系统的电击事故危险就可以参照 TN 接地系统评估，最高电压允许放宽到（325～375）V/400V。如要求更大的供电能力，可以考虑采用两级电压。推荐方案为：375V/400V 单极 IT 接地方式，必要时增加 750V 电压等级，而由于 750V 电压的危险性较高，应尽量避免在安全敏感区内配置，如图 4-2 所示。

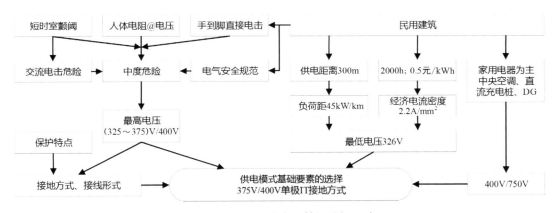

图 4-2　直流供电电压等级分析思路

从接入电器设备的需求看，民用建筑工程中采用低压配电的用电负载一般在 250kW 以下。在此功率范围内，用户的用电设备和电器功率呈现两极分化的趋势。一方面是随着建筑电气化的深入，在低压配电侧大功率设备越来越多，例如几个千瓦到几十个千瓦的充电桩、电炊事和电采暖设备；另一方面，在用户用电侧随着电器设备能效和信息化水平提升，几瓦到几十瓦的小功率设备越来越多，例如电脑、手机等通信设备等。用电电气和设备功率的两极化，也对电压等级提出了不同的要求。

对于小功率、使用频率较高的电器来讲，采用直流特低电压是较为理想的选择，也是真正发挥直流供电优势的选择。在建筑交流配电系统中并未明确地区分配电电压和用电电压，通常单相 AC220V 交流电承担了能量输配和终端电器驱动的双重任务，使得建筑用电始终存在用电安全的问题。特低压直流配电系统首先是为了发挥直流的安全特性，相对于通常使用的交流电网提供了更好的安全优势，特别是在人员接触频率高、触电风险大的应用场景。其次，建筑内部特低压直流配电系统在发挥安全供电的特性之外，还具有节能和智能化应用的两项优点。目前建筑室内小功率电器内部几乎完全由直流供电，采用对每个电器使用单个 AC220V 到直流转换器是普遍的做法，这类小功率 AC/DC 转换器效率一般不超过 90%，而采用集中的 DC/DC 转换器，即使具有隔离功能，也能够容易地达到 95% 以上的效率；并且，如果使用具有多输出通道 DC/DC 转换器，可使电源与负载之间的距离保持在最小，从而显著减少布线和线路功率损失，提高整个配电系统的效率。最后，建筑内部特低压直流配电系统有利于供电功能同控制功能结合，即强弱电结合。通过与相关传感器、分布式计算单元配合，能够构成模块化单元供电的"纳网"，实现更多的智能化控制功能。目前以太网供电（POE）技术和直流载波通信技术都是在此范畴内。

本题编写作者：刘国伟、赵宇明

23. 单极和双极配电的特性比较 ⋯⋯⋯⋯⋯⋯⋯⋯⋯⋯⋯⋯⋯⋯⋯⋯⋯●

电压存在高低是直流配电的特点之一，一般来说配电系统架构分为单极母线和双极母线两种形式，如图 4-3 所示。采用一个变换器产生正负两极从而为系统供电的模式称为单极母线。在正负两极之间增加中性线形成两个电压差（或两个独立配电线路）的模式称为双极母线。双极架构的中性线可取单极与中性线之间的电压，也可取正负极之间的电压对负载进行供电。

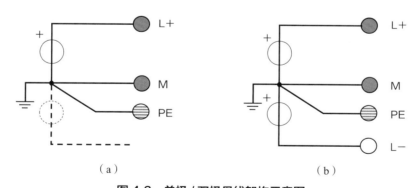

（a）　　　　　　　　　　　　　　　（b）

图 4-3　单极 / 双极母线架构示意图

（a）单极直流母线；（b）双极直流母线

从目前的研究和工程实践来看，单极性和双极性两种方式各有利弊。单极母线架构结构简单、控制方便，在交直流换流器成本造价方面也比双极母线换流器低。单极母线提供单一电压等级，对于不同电压等级负荷的需求，要采用分层母线形式，增加了变换器数量和配电层级。双极母线能够提供两种电压选择，能够正负两极独立运行，为用户负载接入提供了更大的灵活性和可靠性。相对的，双极母线在负荷平衡、系统控制以及运维上难度会显著增加。

通过表 4-1 对比可以知道，当建筑的供电规模较小、用电负载种类较少且电压等级单一的情形下，建议采用单极系统简化设计与施工；当建筑规模较大、用电负载种类多样且用电压等级跨度较大时，建议采用双极母线架构。同时在选择单／双极架构也应充分考虑到分布式电源容量与接入方案（主要是功率平衡问题），兼顾供电可靠性和成本造价，灵活选择最合适的架构。

单极／双极配电特性对比　　　　　　　　　　　　　　　　表 4-1

项目	单极母线架构	双极母线架构
设计施工难度	较低	较高
造价	低	高
电压等级	提供一个母线电压	提供两个母线电压
配电灵活性	配电应用场景受限	更为灵活可靠
节能水平	低	高
控制与保护	易	难

本题编写作者：康靖

24. 浮地系统是什么？

简单来说，所谓"浮地"，是指系统与大地之间完全绝缘。采取浮地设计，常出于电气安全、电磁兼容等目的。

对于供电系统，如果采用浮地，其含义一般就是标准中所说的"IT 接地"。对于低压配用电系统，采用 IT 接地方式，不仅可以大大降低触电危险（因为如果只是一点触碰，并不会产生电流），提高供电可靠性，而且接地故障（接地电弧）的风险也会显著减小，在交流窜入等情况下，危害往往也更小。正是因为这个原因，现在很多低压直流配用电系统都采用 IT 接地方式。为了抑制对地电位，很多 IT 接地系统会采用大电阻与地相连，从而使系统处于地电位，这种"高阻接地方式"，也常被当作浮地系统看待。

具体来说，浮地系统实际上就是 IEC 标准中所要求的 IT 系统，如图 4-4 所示 IEC60364-1 标准要求的低压直流配电系统中的典型 IT 接地系统。

系统中包括的变流器和电池组成的电源端不直接接地，各类用电装置的外露可导电部分接地。采用这样的接地形式最大的优点是系统在发生包括人身无意接触到带电导体在内的第一次接地时，由于电源侧没有直接接地或采用高阻接地，接地故障电流较小，可保证系统供电的连续性和人身安全。低压直流 IT 系统的另外一个优势是大的接地阻抗能阻止共地阻抗电路性耦合产生的电磁干扰，提高系统本身的抗扰能力。

与交流 IT 接地系统一样，低压直流 IT 接地系统的第一次接地故障如果不能有效排除，系统实际形成了电源端接地的 TT 系统，有可能酿成二次接地故障的风险，因此对于直流 IT 接地系统的系统对地绝缘监测（IMD）和故障定位十分重要，当系统的对地绝缘电阻降低到一定值时，系统应有故障报警并择机对配电系统进行检修，排除接地故障。所以直流 IT 接地系统中必须安装绝缘监测装置（IMD），同时建议安装直流剩余电流保护（RCD）作为后备保护。

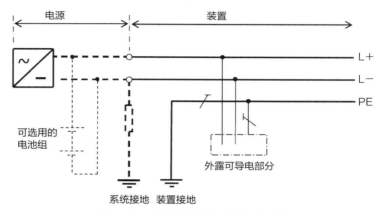

图 4-4　典型低压直流 IT 接地系统

采用 IT 接地系统的直流配电系统，由于系统电源端没有接地，线路对地电容与线路阻抗间易形成振荡，拉高负荷端电压和产生过电压，因此对于采用 IT 接地系统的直流供电设备应加强用电设备的电压调制和过电压防护。

本题编写作者：胡宏宇、童亦斌

25. 直流供电系统的变换器有啥要求？

变换器是直流供电系统的关键核心设备。如图 4-5 所示，直流供电系统由电源、直流配电网和负载构成，电源经变换器连接直流系统，负载经变换器连接直流系统，不同电压等级的直流系统经变换器连接，此外，储能系统也经变换器连接直流系统。

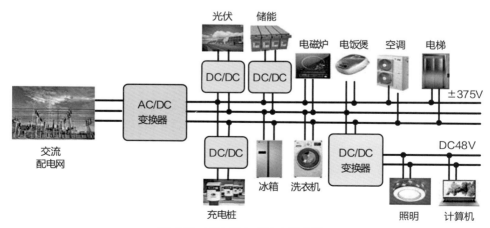

图 4-5　直流供电系统中的变换器

在直流供电系统中，变换器担负着电能路由的功能，可以实现交直和直直变换，实现不同电压的匹配以及功率控制功能，需要满足安全、可靠、优质、经济和高效的要求。

（1）安全。也就是变换器需具有良好的电气隔离、安全防护和保护措施，不会因为变换器故障导致其他设备损坏，也不会因为其他设备故障导致变换器损坏，更不会造成人身安全危害。

（2）可靠。也就是在正常工作条件和设计寿命时间内，可以持续不间断的提供电能变换的功能，不会因为频繁故障导致供电和用电的中断，满足配用电系统平均无故障工作时间的要求。

（3）优质。也就是变换器需提供优质的电源供应，电压质量满足相关标准，电压稳定，没有骤升、骤降和跌落问题，不会因为雷击或操作引起过电压造成用电设备损坏，不会对其他设备造成电磁干扰，噪声满足相关标准。

（4）经济。也就是变换器的价格低。高经济性有利于降低变换器的投资成本，促进直流供电系统的推广和应用。

（5）高效。也就是变换器的输出功率与输入功率的比值高，电能损耗小。高效率可以节约能源，提高能源利用率，降低变换器的运行成本。

本题编写作者：李建国

26. 直流配电系统需要配置直流专用的断路器吗？

关于直流配电系统是否需要一定配置直流专用断路器的问题，我们需要从灭弧开断故障电路和过流保护检测两个方面分析：

（1）灭弧开断故障电路

常规的有触点开关电器，主要靠触头和灭弧系统去分断电流，交流电流的电流方向和幅值都是随电流频率交变的，主要特征是有一个过零点，但直流电流的方向和幅值都是一个稳定值，不存在电流过零点。

交流开关电器均是基于电流有过零点的特征设计触点和灭弧系统的，在交流开关电器用于直流电流开断时，由于直流电流没有过零点，交流灭弧系统无法实现在瞬间熄灭直流电弧，造成灭弧时间长或触头磨损大，甚至不能可靠分断故障电流的现象。同时在现代直流配电系统中，由于负载和电源的界限越加模糊，对于直流开关电器也有与电流方向有关和无关的分类。为了迅速、有效的分断直流电流，直流配电系统中不易使用普通的交流开关电器。

（2）过流保护检测

标准的断路器除了具有触头和灭弧系统外，对系统中的电流检测和保护判断也是一个重要环节。对于传统的热 - 磁式断路器，电流检测没问题，但由于直流均方根值和交流有效值间存在 1.4 倍左右的差，因此热磁式交流断路器用于直流电路中时，过电流保护特性不能按照交流电流的保护特性确定，而热磁式直流断路器则是按直流负载和过流保护特性整定的，可以直接用于直流系统的过流保护。而对于电子式断路器，交流电流检测方法和直流检测方法完全不同，常规的交流电流检测元件不能正确检测直流电流，因此电子式交流断路器不能用于直流配电系统的保护，需要具有直流电流检测和保护判断的专用直流断路器。

根据上述分析可以得出，在直流配电系统中，应该按照系统及被保护设备的特性正确选用直流断路器或专用交直流通用断路器。

本题编写作者：胡宏宇

27. 储能电池有哪些种类？特性是什么？

一般而言，根据储存能量的方式不同可将储能分类为机械储能、电磁储能及化学储能。储能电池属于化学储能类别，常见的有铅酸电池、锂离子电池、镍电池、锌空气电池、钠硫电池和钒液流电池等，不同材料的锂电池特性如图 4-6 所示。

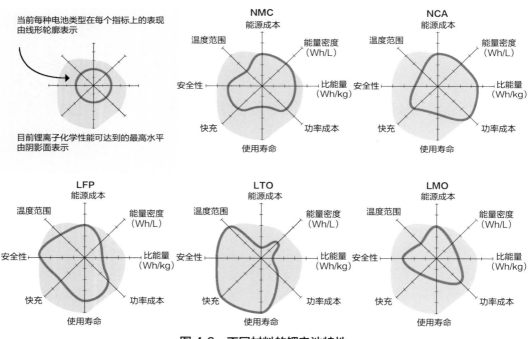

图 4-6　不同材料的锂电池特性

（1）铅酸电池可靠性好、技术成熟，但是循环寿命较低，且在制造过程中存在一定的环境污染。

（2）锂电池重量轻，能量密度较大，循环寿命较长，但其安全性较差且生产要求条件高。

（3）镍电池充放电效率比较高，循环寿命长，可快速充电，但随着充放电次数增加容量将会减少。

（4）锌空气电池能量密度和容量大，在制造和使用过程中环保无污染，但锌空气电池不可充电，属于一次性电池，需要定期更换材料才能维持运行。

（5）钠硫电池体积小，使用周期长，便于规模化制造、运输和安装，但只有在300~500℃才能正常工作，且由于原材料极为易燃，存在一定的安全性问题。

（6）钒液流电池电化学极化小，能够 100% 深度放电，存储寿命长，并且额定功率和容量相互独立，但是大规模钒液流电池的发展受使用材料的成本和含量限制，且体积往往较大。

本题编写作者：许烽

第 5 章 系统安全保护

28. 直流系统安全措施怎么办？

电气的安全总体上可以分为人身安全和设备安全。

人身安全主要通过设备外壳等电位接地和漏电保护等措施实现。当然人体触电后相同情况下，耐受直流电流的能力要比交流高一些。

设备安全主要包括绝缘击穿、过流或短路损毁等问题，可以采取安装浪涌保护、避雷器、熔断器、断路器、继电保护等对应措施，减少设备安全事故的发生。同交流相比，直流有效值和幅值没有交流那样的 1.414 倍关系，所以对绝缘要求相对要低一些。

本题编写作者：陈文波

29. 采用浮地形式的直流系统会产生电弧吗？

不论是交流还是直流，任何有电压和可以形成回路的断口，当断口电压可以击穿断口空气绝缘电压并且系统可以提供足够的能量时都会产生电弧。直流由于没有电压的过零点，其电弧的熄灭相对于交流来说更加困难，因此，直流系统中的电弧问题更加突出。如图 5-1 所示，配电系统中通常可以产生 3 种电弧：

（1）串联电弧：电弧电流流过连接在系统负载产生的电弧；

（2）并联电弧：电弧电流流过带电导体并与系统中负载电流形成并联关系的电弧；

（3）接地电弧：电弧电流从带电导体流入大地产生的电弧。

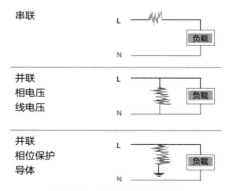

图 5-1 产生电弧的原因

通常并联电弧和接地电弧一定是由于线路绝缘破坏产生的故障电弧，但串联电弧则是正常电弧和故障电弧均有可能。配电系统中负载工作或控制设备开关操作过程中均可产生的串联电弧，可能是正常电弧，也可能是由于系统中线路断线故障产生的故障电弧。在直流系统中上述操作均有可能出现，因而直流系统在无防护时会产生电弧并产生危害，可见电弧防护对直流系统安全保障的重要性。

对于采用浮地系统的 IT 接地形式的直流配电系统，系统电源端不接地或采用高阻接地，由于接地电阻大通常不会在系统中产生一次接地电弧。但是，系统中的开关设备工作及系统中线间绝缘故障均会有串联电弧和并联电弧产生的可能。同时，如果一次接地故障没有及时排除，系统中也有出现二次接地故障形成接地电弧的可能。

鉴于上述分析，对于包括 IT 接地形式的直流配电系统中一样存在着各类电弧电流，由于直流的电压／电流没有过零点，常规的电流互感器不能检测电弧电流，同时直流电弧的熄灭也比交流困难，标准的交流开关电器和电弧故障保护器不能用于直流配电系统中。

本题编写作者：胡宏宇

30. 如何简单低成本解决直流系统电弧问题？

生活中常见的电弧分为两类：一类是故障电弧，另一类是操作电弧。

故障电弧是由于极间短路或绝缘破损而引起的。极间短路由于瞬间电流很大，断路器、熔断器、继电保护或电源模块均可以有所反应，从而通过切断电路得以消除故障；极间绝缘破损（只考虑过渡电阻仍比较大的情况，过渡电阻较小情况视为短路）则因为电弧电流叠加在正常的负荷电流中，故检测难度较大；目前常见的检测方法有噪声频谱分析、弧光检测等，但总体使用效果并不理想。

操作电弧是由于电气回路中的开关、接触器、继电器等器件，在正常操作过程中引起的。由于直流没有过零点，所以一旦燃弧后确实比交流要难熄灭。电弧的产生和负载的特性有关，实践表明阻性设备比容性设备更容易产生电弧，需要通过改变其负载特性、机构联动限流等主动措施才能灭弧。而容性设备只要解决预充电回路的电流抑制，即可解决电弧问题。

本题编写作者：李兴文、陈思磊

31. 直流供电的剩余电流怎么检测呢？

剩余电流保护器（简称 RCD）是防止人身触电、电气火灾及电气设备损坏的一种有效的防护措施。20 世纪初，因家庭触电保护的需要，出现了最早期的剩余电流保护器。当发生人身触电或设备接地电故障后，线路中产生漏电流，使得 RCD 中互感器的各相电流的和不再为零，电流互感器产生感应电势，在脱扣线圈中产生驱动电流，当剩余电流超过额定值后，驱动电流就足够推动脱扣机构使电路主开关断开，起到漏电保护作用。

根据剩余电流保护器能够检测出的剩余电流类型，交流系统中的剩余电流保护器主要分为 AC 型、A 型、F 型和 B 型 4 种型式。这几种交流剩余电流动作保护器主要针对系统中的正弦剩余电流、脉动剩余电流和幅值较小的平滑直流剩余电流进行保护。《家用和类似用途的不带和带过电流保护的 F 型和 B 型剩余电流动作断路器》GB/T 22794—2017 明确规定了家用和类似用途的 F 型和 B 型剩余电流动作断路器的应用范围：F 型 RCD 用于变频器由相线和中性线或者相线和接地的中间导体供电的电气装置。B 型 RCD 用于系统交流侧，符合该标准的 RCD 不能用于直流电源系统中使用。又因为 AC-RCD 使用环境、动作标准值、分断时间标准、脱扣电流范围等都与 DC-RCD 有着很大不同，B 型即便具备相关直流分量检测功能，也无法直接适用于直流系统。且 B 型剩余电流保护器采用传统霍尔传感器，在直流系统中长期使用有着零漂大，误差大等问题，因此开发直流系统用剩余电流检测产品十分必要。对于直流剩余电流检测，国外在这方面的研究正处于起步阶段，国际电工委员会于 2017 年颁布了 IEC TS 63053：2017《直流系统用剩余电流动作保护电器的一般要求》。目前国外的直流剩余电流保护产品较少，如某公司生产的 GFPD-600V 系列，能够在 300mA 跳闸阈值下，检测误差达到 10%。

现有用于直流剩余电流检测方法有霍尔式检测法和磁调制式检测法。霍尔电流传感器是一种磁电转换器件，其利用霍尔效应将电流磁场信号转换为电信号。所谓霍尔效应就是指将通有电流的金属导体、半导体（霍尔元件）置于磁场中时，导体或半导体中的带电粒子会受洛伦兹力的作用发生偏转，从而在垂直于运动方向产生电动势的现象。霍尔电流传感器可用于检测交流和直流电流，通常其电流检测范围为零至数千安培，检测带宽为 0～200kHz。根据工作模式不同，霍尔电流传感器可分为开环式和闭环式两种，如图 5-2 所示。两种霍尔电流传感器的磁芯均开有气隙，霍尔元件放置在气隙中。在开环式霍尔电流传感器中，霍尔电压经信号放大电路放大后作为互感器输出信号 U_o。开环式霍尔电流传感器具有功耗低、体积小的特点，但其零点稳定性差、温漂较大。

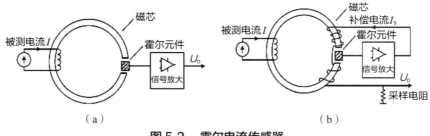

（a）　　　　　　　　　　　　　　　　（b）

图 5-2　霍尔电流传感器

（a）开环式霍尔电流传感器；（b）闭环式霍尔电流传感器

磁调制式剩余电流检测原理如图 5-3 所示，图中环形磁芯是由高导磁率的软磁材料制成，W_p 是被测电流绕组，其匝数为 N_1；W_e 是励磁绕组，同时又是检测绕组，其匝数为 N_2；R_s 为采样电阻；i_p 为被测电流信号；U_{exc} 为方波励磁电压源。方波励磁电压源受

采样电阻电压 U_o（相当于励磁电流）的反馈控制，当采样电阻电压达到阈值电压 $\pm V_r$ 时，方波励磁电压的极性将发生反转。

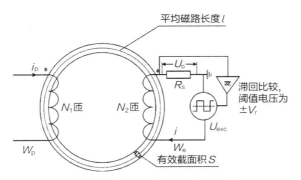

图 5-3　磁调制式剩余电流互感器

当剩余电流为零时，励磁电流波形正负对称，励磁电流平均值为零。当剩余电流为正向直流电流时，由于直流偏置磁场的作用，磁芯恰好达到正向磁饱和与负向磁饱和时所需的励磁电流大小不同，磁芯达到正向磁饱和所需的励磁电流小于达到负向磁饱和所需的励磁电流，此时励磁电流波形不再正负对称，励磁电流平均值不为零。由此可以检测出直流系统的剩余电流。磁调制式剩余电流检测原理即是利用励磁电流变化实现被测电流的检测，其基于单磁芯结构设计，工作过程中不受励磁电流波形的影响，且没有迟滞误差而当互感器以零磁通状态工作时，其稳定性、线性度、灵敏度、零点漂移和温度性能均优于霍尔电流互感器。

直流 RCD 能够广泛应用于直流市政、住建等系统，用于人身触电和电气火灾的防护。特别是近年来随着新能源汽车的不断发展，直流充电桩得到了广泛的推广应用。新能源汽车中运用了交直流环节作为电力的转换和传输，在交直流变换环节及传输和使用过程中，不可避免会有直流剩余电流产生。目前，受限于较高的技术门槛和价格因素，国内充电桩上基本都安装 A 型或 AC 型的剩余电流保护器，存在着安全隐患。而直流 RCD 能够对直流充电桩充电时产生的直流剩余电流进行快速、准确检测，保证整个系统的安全、可靠运行。

本题编写作者：胡宏宇、陈思磊

32. 直流配电系统中绝缘监测怎么做

绝缘检测是各类电源不接地或高阻接地的 IT 接地系统必备的接地故障检测设备，主要作用就是在保证系统临时供电连续性的同时，发出绝缘故障报警，以便安排配电系统的安全检修查找和修复故障，防止更大的二次故障发生。

IT 接地系统的绝缘检测需要专用的绝缘检测设备（IMD），设备应符合 IEC 61557—8 标准，该标准适用于 AC1000V 以下或 DC1500V 以下系统中使用的绝缘检测设备。该设备通过高阻在电源线和接地建立一个工作地（FE），检测系统的绝缘状况，当系统的绝缘电阻下降或产生接地故障时，在系统电压或附加电压的作用下，就会产生一个接地故障电流，通过对这个电流幅值的检测就可以监测到系统绝缘的变化。如图 5-4 所示。

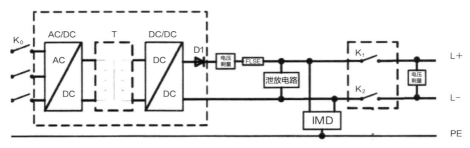

图 5-4　IMD 安装示意图

符合 IEC 61755-8 标准的 IMD，可以采用电桥法和附加电流法两个途径监测系统的绝缘状况，图 5-5 是采用电桥法的 IMD 基本工作原理。采用电桥法测量绝缘电阻的 IMD，无需其他附加测量电源且结构相对简单，但易受外界其他电压骚扰，测量精度相对不高。

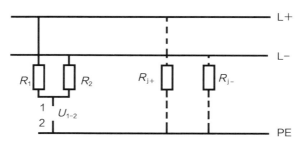

图 5-5　平衡电桥测量绝缘电阻工作原理

图 5-6 示意了附加测试电流法绝缘检测器 IMD 基本工作原理。通过附加电源注入一个特定频率的测量电流信号，当系统出现绝缘故障或绝缘电阻降低时，测试信号就会形成特定频率的测试电流叠加在直流系统中，设备通过滤波和分析环节，筛选检测电流信号及幅值并发出相应的输出。

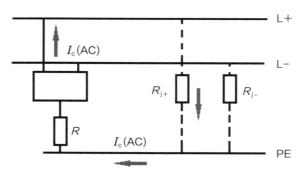

图 5-6　注入电流法测量绝缘电阻工作原理

在工程实践中需要注意两点：

（1）绝缘监测并非越多越好，电气不隔离的系统（或分析系统）原则上只需一套装置；

（2）由于线路对地存在不确定的分布阻抗，因此测量值和实际接地点阻抗存在一定偏差。

本题编写作者：胡宏宇、李忠

33. 直流配电系统中如何故障定位选线？

对于直流配电系统常见的短路故障，通常可以通过保护定值的级差配合实现故障选线，但是短路点的定位对于直流配电系统仍是个难点。由于现行大部分直流配电系统属于低压范畴，线路短、拓扑复杂。因此交流长距离输电中使用的诸如行波测距等方法尚无法实施，下面介绍一种故障定位方法。

如图 5-7 所示，对于接地（或绝缘下降）故障，则可以通过绝缘检测装置告警，但因为整个系统是相连的，无法确定是哪一条馈线发生了接地（或绝缘下降）故障。此时可以通过每条线路装设的漏电流保护装置，根据出现漏电流的情况，可以实现接地（或绝缘下降）的选线工作。如需要进一步定位，实践中可通过漏电流卡钳手动检查实现故障定位。

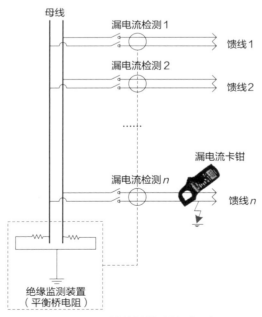

图 5-7　IT 系统接地故障检测示意图

本题编写作者：李忠

34. 直流供电系统怎么最省钱的实现保护呢？ ···

直流供电系统中往往存在大量的基于电力电子器件的变换器，当发生短路故障时，不同的变换器在短路情况下的外特性往往相差很大，不同的变换器耐受过电流、过电压及低电压的能力也相差很大，采用某种单一的保护技术来完成继电保护任务是非常困难的。

继电保护做到省钱，又要达到保护系统的目的，可以采取以下方法，如表 5-1 所示。

直流最简保护方案技术措施 表 5-1

典型故障	应用措施	保护方案	围绕要求
母线短路	① 变换器控制与保护功能（合理配置变换器保护定值；设置变换器故障穿越功能） ② 直流断路器（配合脱扣器，保护简单可靠；配置微机保护，达到更高性能） ③ 系统供电容量配置 ④ IMD ⑤ RCD	①＋② 利用故障穿越和微机保护准确性能实现	选择性
主支线短路		①＋②＋③ 在容量合理配置下利用故障穿越和脱扣器特性实现	速动性
分支线短路		①＋②＋③ 在容量合理配置下利用故障穿越和脱扣器特性实现	灵敏性
单点接地		④＋⑤ IMD 与 RCD 相配合完成故障报警或故障隔离	可靠性

（1）可以充分利用变换器的功能。变换器本身具备测量、程控及开断功能，在硬件上已经构成一个一＋二次融合的保护装置。在利用变换器时，一方面可以直接利用它的过流、过压、欠压等保护构成系统保护的一个组成部分，另一方面可以根据系统需要，在变换器上集成或定制一些功能，如接地告警、电弧监测等。

（2）可以利用断路器与脱扣器配合实现部分保护功能。热脱扣器和磁脱扣器具有反时限动作特性，通过合理的网架结构及功率分配，可以通过这种反时限动作特性实现保护上下级的配合。

（3）对于需要保护精确配合的系统，可以在关键的节点上装设微机保护装置，在系统设计时，尽量减少关键节点的数量。

本题编写作者：徐习东

35. 如何做好直流系统的接地？ ···

同常规交流系统一样，根据接地目的的不同，直流可以分为防雷接地、保护接地、工作接地。

防雷接地、保护接地和交流基本一致，所以在设计安装中可以沿袭套用交流的成功经验。

直流的工作接地，可分为直接接地、不接地、可变电阻（高阻、低阻）接地等；对于负荷侧而言，接地模式主要是保护接地。仿照交流系统工作接地的定义，直流系统可按照电源侧和负载侧不同的工作接地状态也可分为 IT 系统、TN 系统、TT系统。目前用的较为成功的领域（如地铁、变电站直流、机房直流等场景）普遍采用 IT 接地方式，运行经验也相对比较丰富，受到业内的普遍推荐。实际运行中，IT 系统（不接地或高阻接地）的实际对地阻值，必须考虑所接入设备自身与地间是否接有电阻（如绝缘检测装置的平衡桥电阻）。

本题编写作者：陈文波

36. 直流系统的控制目标有哪些?

直流系统的控制目标主要可以分为保证电能质量和优化系统运行两大目标。

直流系统的电能质量问题主要包括电压波动与闪变、电压谐波、电压暂降与短时中断、电压不平衡、电压偏差等。保证电能质量的主要控制目标是维持直流母线电压稳定,实现系统功率平衡,保证直流微电网稳定运行。可通过控制分布式电源出力,调整储能系统的运行状态,投切负载等方式来实现。

优化系统运行主要目的是对系统进行集中管理和能量优化,提升整体运行效率和可靠性,实现最优运行。可根据分布式电源出力预测、系统内负荷需求、储能系统运行状态、市场信息等数据,按照不同的优化运行目标和约束条件作出决策,如图6-1所示,实时定制直流微电网运行调度策略,实现对分布式电源、储能系统、负荷出力及交直流系统交换功率的灵活调度、潮流控制、故障处理等,从而保证了系统安全、经济运行。

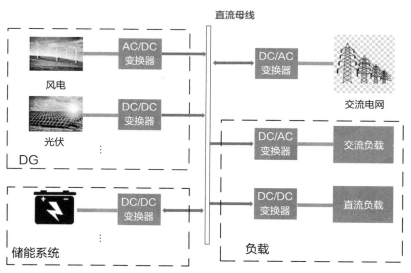

图 6-1 直流系统示意图

本题编写作者:潘雷

37. 直流供电系统怎么控制呢？

　　直流供电控制系统的基本要求是保持供电系统中重要负荷的供电可靠性和电能质量需求，在此基础上实现分布式电源的充分利用。为了实现这一目标，从系统角度出发，根据时间尺度和控制目的可以将直流供电系统控制架构划分为优化控制层和电压协调控制层。优化控制层的目标是获取系统的最优运行状态，节能增效，其控制时间尺度通常为分钟级。电压协调控制层的控制目标是维持直流供电系统的稳定运行、提供优质的供电电压，其控制时间尺度通常在毫秒～秒级别。两者在控制时间尺度上具有良好的区分度，从控制功能设计原则上，应该满足当优化控制退出运行时，整个直流供电系统仍然能够持续稳定运行。

　　优化控制主要实现长期能量优化管理，通过分布式电源发电及负荷功率预测，在了解实时市场信息、分布式电源特性及发电成本的基础上，以网损、电压质量、经济性等指标为优化目标，调整可控设备（光伏、储能、交直流变换器、可控负荷等）的电压、功率等运行状态，优化直流配电系统运行。

　　电压协调控制层主要实现短期功率平衡，在接到优化控制指令后，实时调整可控设备的出力或对可控负荷进行相关控制，满足系统功率平衡和维持直流电压稳定。在直流系统中，直流电压反映了功率平衡的情况，当流入功率大于流出功率时，直流电压上升；当流入功率小于流出功率时，直流电压下降。所以，直流电压控制能力是评价直流系统性能的关键指标之一。

　　直流系统的控制策略一般可分为主从控制和下垂控制。如图 6-2 所示，主从控制是一种单点直流电压控制方法，利用一个换流站（主换流站）平衡系统有功功率，控制系统直流电压，其他换流站作为从站采用定功率控制或恒定直流电流控制方式。采用主从控制方法的直流系统完全可控，其电压调节性能和负荷分配特性都具有良好的刚性，但主站调节压力较大，系统中的功率波动（如光伏和风机的功率波动）全部由主换流站进行调节，因此容量较大的换流站通常被选作主换流站以降低系统直流电压和功率的波动。

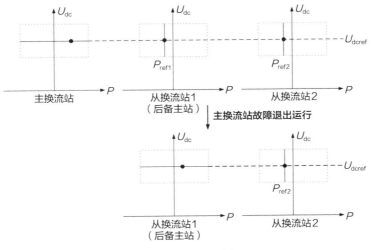

图 6-2　主从控制

直流电压下垂控制属于多点电压控制，是指所有具备功率调节能力的设备利用给定的各直流功率（或电流）与直流电压的斜率关系来实现多个站共同承担直流电压控制，其控制器原理框图如图 6-3 所示。当系统中负荷或新能源出力发生变化时，多个可控设备同时参与系统功率的调节，共同分担系统的功率变化，因而整个系统的直流电压波动更小。

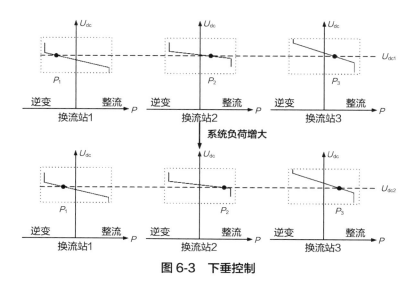

图 6-3　下垂控制

本题编写作者：王一振

38. 如何靠母线电压实现直流系统的优化控制？

直流系统有个很大的特点，就是控制简单。交流系统有电压幅值、相位和频率三个量控制，直流系统只有幅值，因此控制相对简单。但是，直流系统的电压同样可以传递供需平衡的信息，这样就需要一套完整的规则来实现。对于一个典型的光储直柔系统，靠直流母线电压也可以实现控制。对电压调节按照时域分，可以分为瞬态调节、暂态调节和稳态调节三种，可通过各类限压限流装置以及电力电子变换设备实现电压上下限的设定和系统运行电压的调节，实现电压带控制。同交流相比，由于直流系统的"柔"性特点，直流配电系统的可调节性能和响应的快速性要好很多，电压带控制使得系统可以在一定电压偏差范围内合理运行。

我们通过调节直流母线电压（即 AC/DC 和 DC/DC 变换器电压）就可以轻松实现系统控制。大致分为两个方面：

（1）通过改变电压，改变来自电网、光伏和储能三个能源的利用

可以将来自交流电的 AC/DC（或者来自高压直流的 DC/DC）变换器电压、光伏 DC/DC 电压和储能 DC/DC 电压设置成不同的阈值，来实现三者之间的混合运行控制。比如，要实现光伏优先利用，余电存储储能，市电后备这一策略，可以将光伏的输出电

压 U_{pv}、储能输出电压 U_{bat} 和市电输出电压 U_g 设置成如下关系即可。

$$U_{pv} > U_{bat} > U_g$$

如图 6-4 所示，当正午光照充足时，光伏经 MPPT 控制，可以输出到较高的直流电压，供负载使用；当光照减弱时，光伏变换器输出电压随之下降。当下降到储能输出电压以下时，储能为负载提供电能。当储能系统放电后，电压下降到市电变换器输出电压时，系统由市电进行供电。储能系统的充放电可以利用电压电流的下垂控制策略进行电流限制，以保证电池安全。

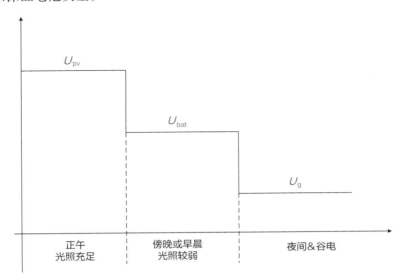

图 6-4　控制策略示意图

（2）通过电压限制电流，达到限制功率或者控制负载

1）通过下垂控制策略，限制输出电流

下垂控制策略，可以让电流跟电压形成一定的比例关系 k，这个关系可以是正，也可以是负，取决于不同的应用场景。当电压发生改变时，同时变换器根据预设的比例控制电流的输出，从而实现对电流输出的限制。

$$U = kI$$

2）通过变换器切除相应的负载支路

同样可以根据电压来传递系统的相关信息，比如电压下降了，可能是系统电源不足，这个时候可以采取限制负载的策略，将相应的负载切除，或者限制负载功率。

但是这个策略的前提是所有的变换器的电压都是可以调节且有较宽的调节能力并有一定的智能控制能力。尤其对于负载 DC/DC 变换器，要有较宽的输入电压适应能力，才能保证输出端的电压稳定。对于长时间、大尺度的调度控制，需要获取系统更多的信息，经过复杂的运算（如预测算法等）得出相应的控制指令，然后来调节系统，此时既可以对电压进行调节，也可以对电流和功率直接进行调节。

本题编写作者：陈文波、侯院军

39. 多换流器并联运行稳定性如何保证？

直流配电系统依靠变换器建立和稳定电压，同时按照系统要求进行功率调度，系统惯性小，变换器特性对系统稳定性的影响更加显著，如何提高直流源荷储接入下的直流系统稳定性已成为一个研究热点。在诸多的稳定性分析和优化方法中，阻抗分析法理论界面清晰，操作方便，已在实验室研究和工程应用中获得应用。

阻抗分析法在研究换流器与系统交互的阻抗稳定性时，将两者视为两个独立的子系统，根据各自的控制结构和参数特征分别建立阻抗模型，任何一方组成单元的结构和参数发生变化并不会影响到对方，故无需重新建立阻抗模型，降低了系统分析的难度。在获取阻抗模型后，用线性网络结构表示该交互系统的等效电路，再采用阻抗稳定性判据来分析系统稳定性。

对于一个含多换流器的新建直流系统而言，可利用阻抗分析法结合稳定判据实现系统的稳定运行。对于一个要新接入换流器的直流系统而言，同样可利用阻抗分析法结合稳定判据保障系统的稳定运行，基本不涉及现有系统的改造，方法简单，操作便捷。

多变换器并联运行存在失稳的可能，对于这个问题，虽然理论上进行了很多研究，取得了很大的进展，但在实际应用中，由于变换器和系统的复杂性，谐振风险还不能完全避免。针对开放直流系统接入设备多样化的特点，今后，在谐振机理进一步深入研究的基础上，还可以研究通过谐振辨识和主动抑制提高系统稳定性的方法。

本题编写作者：许烽、童亦斌

40. 群智能如何解决直流建筑能源管理？

群智能系统是一种无中心、自组织的新型建筑智能化系统。它颠覆了控制系统分层控制、需要在各级控制器（或服务器）中针对具体被控系统定制化建模的传统技术架构，首次将分布式计算与建筑基本单元模型和建筑物理过程深度融合，仿照昆虫、鸟群、鱼群等自然界群落的工作机制，依靠智能空间、智能源设备等标准化智能单元之间的自辨识、自组织，实现建筑设备系统整体的优化运行。群智能技术已经广泛应用在商场、写字楼、综合能源站、冬奥场馆等多种类型的建筑中，具有大幅缩短建设周期、灵活适应建筑管控需求、减少运行人工成本、降低运行能耗等优势。

图 6-5 是群智能系统与典型传统控制系统架构的对比。从对比中可以看到，群智能技术有如下两个特点：

（1）面向空间

传统控制系统按照被控设备专业和功能划分控制子系统，而群智能系统是面向空间的。群智能技术架构下，将每一个特定功能的空间区域或源设备都作为一个具备完整局部功能的建筑单元。在每个建筑单元中植入计算节点（CPN），使传统的空间或源设备（冷机、水泵、冷却塔、配电箱、集中储能电池等）升级为智能单元。空间单元内部，围绕用户的需求实现环境监测及照明、空调末端、插座、电池、人员探测、门禁等用电终端设备的集成控制。所有智能单元都有标准化的信息模型，从而使各个智能空间都能互相理解，并作为自组织协作完成全局控制任务的基础。

（2）就近连接，就近协作，网格状的计算网络

传统系统是分层的：下层控制器向上层控制器汇报，并受到上层控制器管理，而群智能系统是无中心、就近连接的。每个智能单元（包括空间单元或源设备单元）对应的 CPN 只与空间上的邻居单元的 CPN 连接、交互数据并直接协作，组成网格状的计算网络。由于智能单元与建筑空间或源设备相对应，因此群智能系统的网络拓扑结构，就与建筑空间拓扑或建筑机电设备系统拓扑结构一致或者相似，从而随着计算网络的敷设工程也就自然完成了被控系统结构建模的工作，从而大幅简化了传统技术架构下需在各级控制器／控制中心由跨专业团队进行的大量繁琐的组网建模工作。

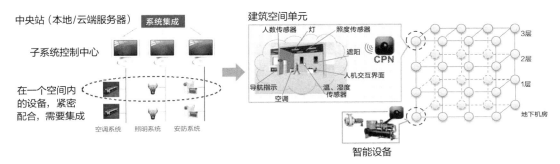

图 6-5　群智能系统与传统控制系统的硬件架构对比

群智能系统中，CPN节点与且只与邻近节点交互计算，邻居节点再与其邻居交互计算，从而将整个系统连接成一个整体。这样的计算机制符合空气流动、水流动、热量传递、人群移动等建筑物理场的"变化由近及远、逐渐扩散"的特点。如图 6-6 所示，群智能系统中的分布式计算可以及时、高效地模拟计算出各种设备调节动作对相应物理场的影响及相应能耗情况，从而进一步得到最优控制效果。

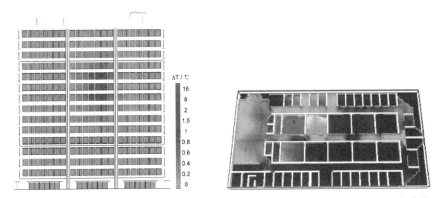

图 6-6　建筑中的温度、热量、空气、人群等被控物理场都是由近及远逐渐变化

本题编写作者：姜子炎

41. 有哪些方法可以做短期负荷预测？

电力系统负荷预测按预测的时间可分为长期、中期、短期、超短期以及特殊日，然而其中的短期负荷预测，通常指日前预测，对电力系统来说有着很重要的地位，也是现有电力市场环境下编排发电计划、交易计划、调度计划的基础。

短期负荷具有随机性和不确定性的特点，易受到天气变化、社会活动以及节日类型等各种复杂环境因素的影响，因此想要得到十分精确的预测结果仍然是一件非常困难的事情。到目前为止还没有哪种方法适用于任何地区的电力系统，也没有哪种方法可提供绝对精确的负荷结果。根据负荷预测技术的发展历程，可以大致将其分为3类：经典预测方法、传统预测方法以及智能预测方法。

（1）经典预测方法

1）回归分析法

回归分析法是根据事物自身的变化规律来对未来的走势进行预测，它是一种定量预测方法，主要体现在研究事物间相互关系。根据事物因果关系的自变量个数，可以将回归分析法分为一元或者多元回归分析；在描述因果关系间函数的表达式是线性的还是非线性时，又可以将其分为线性回归分析法和非线性回归分析法。

2）时间序列法

时间序列法在电力系统短期负荷预测中是比较常见且应用最为广泛的一种方法。电力负荷的历史数据是按照一定时间间隔进行采样并记录下来的有序集合，因此它是一个时间序列。电力负荷时间序列方法就是根据负荷的历史资料，建立一个描述电力负荷随时间而变化的数学模型，通过这个模型，一方面可以描述电力负荷随时间变化所表现出的规律性，另一方面可以在该模型的基础上建立负荷预测的数学表达式，从而实现对未来负荷的预测。

（2）传统预测方法

1）指数平滑法

指数平滑法实质上是一种曲线拟合法，它采用过去数周的同类型日的相同时刻的负荷组成一组时间上有序的数组，然后对该数组进行加权平均，最后得出待预测的负荷值。指数平滑法主要是根据历史负荷数据对未来负荷进行预测，不同历史时期的负荷值对未来负荷的影响不同，距离预测时间越近的历史负荷数据对预测结果影响越大，反之越小。因此，该方法对接近预测时刻的数据拟合得更精准。

2）灰色预测法

灰色预测法是一种对含不确定因素的系统进行预测的方法，通过分析因素之间发展趋势的相异程度或集合相似来衡量因素之间的关联度，因此又被称为关联度分析法。灰色系统理论将一切的随机变化量看作是在一定范围内变化的灰色量，其常用累减生成（IAGO）和累加生成（AGO）的方法来将繁乱的原始资料整合成规律性较强的生成数据列。

3）负荷求导法

负荷求导法是超短期负荷预测的可靠且有效的方法之一。它专注于对负荷内在规律的挖掘，而将外界因素的影响降低到很小。在电力系统负荷动态过程中包含大量的随机性和非线性因素，包括温度、降雨量、相对湿度、突发性事件等，几乎不可能建立其精确的数学模型，且还会受其他因素的影响，负荷求导法将这些因素的影响降到很小。

4）卡尔曼滤波法

卡尔曼滤波法是一个最优化自回归数据处理算法，通常是运用于线性定常模型系统，并在定常噪声协方差的前提下进行。该模型灵敏度差，预报精度不高，没有详细分析预测模型噪声，而滤波的追踪能力和估计的精确度往往受到噪声估计的精确性影响。

（3）智能预测方法

1）专家系统法

专家系统法是根据某一领域的专家知识和专家经验建立的一个计算机系统，并且该系统能够运用这些知识和经验对未来进行合理的预测。知识库、推理机、知识获取部分和解释部分是一个完整专家系统的主要组成部分。通过该系统，运行人员能够识别预测日的类型，考虑天气对负荷预测的影响。

2）人工神经网络法[9]

人工神经网络是模仿人脑神经网络进行学习和处理问题的非线性系统。它由若干个具有并行运算功能的神经元节点及连接它们的相应权值构成，通过激励函数实现输入变量到输出变量之间的非线性映射。用历史负荷作为训练样本去建立适宜的网络结构，当训练的网络结构达到预测要求后，就用此网络作为负荷预测模型。

3）综合模型预测法

在进行实际的负荷预测时，单一的负荷预测方法不能满足精度要求，因此把各种算法的优点有机结合起来，可以满足预测的精度要求。综合模型预测算法优点是克服了单一算法的不足，提高了预测的精确度。但是把预测模型结合起来增加了建模的难度，计算速度减慢，增加了在实际运用中的难度。

4）数据挖掘法

负荷预测有大量的历史数据，而电力系统负荷预测的准确程度又取决于历史数据的精确度。数据挖掘为负荷预测分析大量的历史数据提供了一个新的方法，能够从大量的数据中消除冗余的信息提取出有用的信息，主要包括数据定义问题、收集数据和预处理、实施挖掘、解释与评估结果，整个挖掘过程就是数据的不断反馈修正，找到短期负荷变化的规律。

5）组合预测法

纵观电力发展史，有基于数学分析的传统负荷预测方法，也有基于算法的人工智能负荷预测方法，然而却没有一种模型可以适合于任何地区的电力系统，真正做到准确无误的预测。为了克服不同模型的缺陷并充分利用各自的优点，人们将组合预测法应用到了短期负荷预测中（图6-7）。组合预测法的优点是针对各单一模型的特点进行取长补短，克服了单一预测方法的不足，使得优势互补，提高了负荷预测的精度。不足之处在于预测模型比较复杂，考虑的相关因素更多，计算量更大。

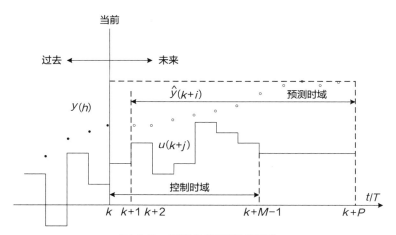

图 6-7 短期负荷预测示意图

本题编写作者：潘雷

第7章 直流家电

42. 家用直流变换器长啥样子？

直流供电具备很多优势，正是由于这些优势，一些新建建筑开始使用直流供电的方式，一些家电生产商也都纷纷推出使用直流供电的家用电器，但是想让这些各式各样的直流家电能运行起来，真正发挥直流的优势，有一样东西非常关键，那就是家用直流变换器。

这个直流变换器有什么作用呢？它的作用只有一个，就是给所有的直流家电提供稳定的供电电压。我们来看一下对于这样的直流变换器，有什么样的要求，它们又是通过什么样的科技来实现这些要求的。

首先来看对直流变换器都有什么要求呢？各式各样的家用电器功能不同，但都需要电源才能正常工作，如图 7-1 所示，变换器的作用就是将供电线路上较高的直流电压，转换成适合各式各样家电工作的稳定的低压直流电。虽然现在直流供电系统还不像交流供电系统一样有个 220V 这样明确的电压大小的规定，但目前使用比较多的高压直流电压是 750V 和 375V，低压直流是 48V，因此直流变换器的第一项要求就是将 375V 电压转化为 48V 直流电压。

图 7-1　家用直流变换器结构图

大家家里各种电器越来越多，当使用直流供电后，这些电器都要有这个变换器来提供电能，因此一个变换器能够带多少家用电器也是我们非常关心的指标。直流变换器的另一项要求就是它的输出能力，我们用输出功率这一指标来衡量。在建筑当中这个指标的大小关系到了供电覆盖的范围和距离。据测算，2kW 左右的适配器基本能够覆盖 30m^2 左右的办公或居住面积，因此变换器的额定功率多设计为 1.5～2.5kW。

在家庭中，这样的变换器放在什么位置是个大家都关心的问题，一来不希望变换器影响室内美观，二来不希望变换器占用室内空间面积。因此一般会将变换器放在入户的配电箱中，或者墙壁插座面板接线盒中，以及集成在插排当中。这些位置空间非常有限，所以变换器的体积应当尽量小。

作为一个 24h 不间断工作的设备，时时刻刻在家中或办公室内与我们相伴，如果它工作的时候产生噪声，会对大家的生活工作带来严重影响，因此家用直流变换器不应当产生噪声，或噪声应当低于卧室允许的噪声标准。

变换器在为其他电器提供电能的同时，自己也需要消耗能量，这部分能量就是变换器自身损耗。损耗会带来发热、温升，容易引起安全隐患，同时还会增加耗电，带来浪费。所以家用直流变换器自身损耗应当尽量小，即工作效率要高。

最后一点也是最重要的，变换器要有非常高的安全性能。

为了实现上面的要求，家用直流变换器一般使用谐振变换器拓扑，通过交直交的变换，可以在中间交流环节增加变压器，实现电气隔离来满足安全要求，同时实现降压变换。

开关器件使用新一代宽禁带器件，工作在极高的频率下，远远超过人耳的听觉范围，做到了零噪声；而且高频工作大大减小了变换器中变压器及电感电容的体积。同时新器件还能在如此高速的开关动作下维持一个很低的损耗，以保证高效工作。

本题编写作者：荆龙

43. 直流变频究竟是什么意思？

众所周知，直流电根本就没有频率一说。然而，"直流变频"一说广泛流传。所谓"直流变频"是针对电动机来说的。如图 7-2 所示，交流同步电动机变压变频调速系统的自控变频调速方式基本原理是：电动机本身自带转子位置检测器等转子位置信号获取装置，使用此装置的转子位置信号来控制变压变频调速装置的换相时刻。自控变频同步电动机在发展过程中曾经有多种名字，比如无换向器电机；当采用永磁体且输入三相正弦波时，可以称为永磁同步电动机；而如果输入方波，那么就可以称为梯形波永磁同步电动机，这就是俗称的无刷直流电动机。由于历史沿用等多方面原因，无刷直流电动机的自控变频调速简称为"直流变频"。对于无刷直流电机，调速的时候表面上只控制了输入电压，但电机的自控变频调速系统自动根据变压控制了频率，用起来和直流电机几乎一样，非常方便。其实也可以理解为直流变频叫法是为了区别于交流变频，控制输入电压就可以控制电动机转速，实质是将直流电压逆变成频率可变的交流电压。

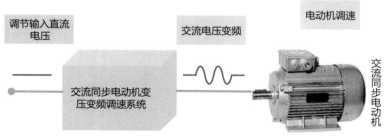

图 7-2 直流变频示意图

本题编写作者：潘雷

44. 市面上有哪些电器能直接用于直流配电系统？

总的来说，目前市面上所能买到的电器都被设计成能接入交流电系统并使用，但这并不意味着这些电器直接使用的就是交流电，或者对直流电不通用。经过不断的尝试与探索，结合在直流建筑示范工程中的应用实践，可以把现有电器针对该问题分为以下三类：

（1）直接由直流供电电器

绝大多数现有电器其实都是直接使用直流供电，只不过为了接入现有的交流配电系统，在产品接入端增加了能将交流电转换为直流电的适配器或变频电源模块，其本质上还是直流电器。这类电器包括了绝大多数的智能化产品（如手机、电脑、楼宇自控系统、智能家居产品、传感监控设备），LED 灯具，空调以及变频风机、水泵。近几年随着居民对生活质量要求的提高和应用场景的变化，催生了更多家电产品的直流化，如无级变速直流风扇、变频冰箱等，图 7-3 为桌面电器的直流应用场景。另外，直流在 IT 行业的应用也极为广泛，比如数据中心就广泛的应用了直流服务器。

图 7-3　桌面电器的直流应用场景

（2）通过改造可变成直流电器

这类电器主要包括热水壶等典型以加热做功为主的阻性负载电器，理论上用直流同样可行。不过由于直流电没有过零点的特性，因此要特别注意灭弧等问题。解决灭弧问题并将原本的交流器件替换成直流，通过对前端电源模块的改动可实现此类电器的直流接入。家用洗衣机同样可用相同的原理进行改造。

（3）无法使用直流电的电器

那些同时需要采用直流电和交流电的电器设备，负载类型多样，目前是无法通过改变电源模块的方式来直流化改造的。典型的包括打印机、投影仪以及其他使用交流电的电器。

从家用电器内部看，家庭中很大一部分电器内部使用直流电，包括饮水机、冰箱、LED 灯、变频空调、移动设备充电器、电磁炉等（如图 7-4 蓝色字体标示的电器）；内部不是使用直流电的电器有吹风机、洗衣机（定频）、空调（定频）、烤箱、洗碗机、电暖器等（如图 7-4 红色字体标示的电器）。

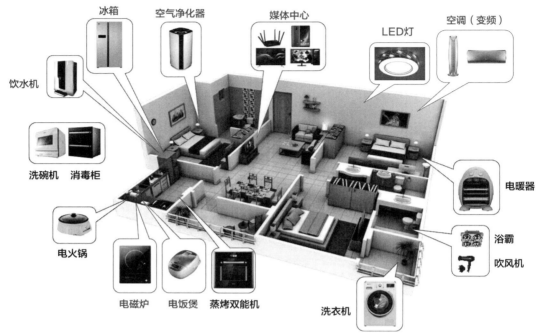

图 7-4　内部使用直流电（蓝色名称）和交流电（红色名称）的家用电器

对用户而言，直流电器的使用将更加安全、舒适、高效。家居使用低压直流可以减少触电事故，电器变频化内部使用直流电，可提高电器使用舒适性和用能效率：直流调速的风扇更安静、档位更丰富；变频空调较定频空调更加舒适、省电；儿童玩具、台灯等小电器直流化后实现便捷移动使用更方便；如图 7-5 所示。

更安全　　　　　　更简洁　　　　　　更高效　　　　　　更环保

图 7-5　直流配电在建筑应用中的优势

目前市场上的直流电器均为带适配器接交流电源而内部使用直流电的直流电器，直接接直流电源接口使用的直流电器目前市场上暂无在售的，部分知名家电企业定制化开发。

直流家电规模化受多方面因素影响：一是受市场需求影响，规模化生产才能将成本降至较交流电器更低，方能体现直流简洁化的技术优势，也就有进一步向用户推广的优势。二是看能不能有更广阔的社会效益，比如新能源接入带来的环保效益或解决资源问题。三是相关直流关键技术待进一步突破，以发挥出直流优势，提升用电安全、效率和自由连接便捷性等，服务于更美好的生活。最大的影响是直流供用电系统生态同步走的问题，直流生态同步发展才能实现直流家电的规模化应用，需要建立直流应用场景，促进孵化直流用户消费习惯，能源消费习惯向清洁化转型。

本题编写作者：赵志刚、康靖

45. 交流和直流的家用电器可以通用吗？

如图 7-6、图 7-7 所示，交流和直流的家用电器是可以通用的，只要添加相应的电源转换模块即可。

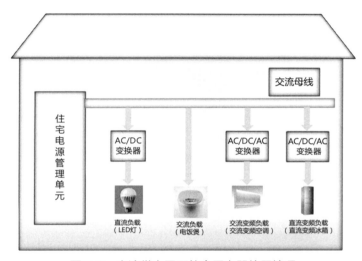

图 7-6　交流供电网下的家用电器使用情况

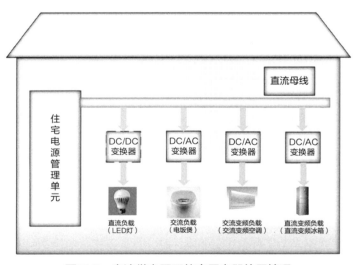

图 7-7　直流供电网下的家用电器使用情况

目前家庭内既有交流家用电器，又有直流家用电器。比如电视、洗衣机、冰箱、空调等，是交流电器；而 LED 灯、手机等电子产品，甚至电动车，是直流电器。这两种家用电器，在我们目前的交流供电网络中都可以正常使用，这是因为交流电器在日常使用中添加了相应的电源转换模块，将交流电转换为直流电，即 AC/DC 模块。

而随着技术的发展，直流电器逐渐增多，直流供电网也逐渐发展起来。今后当建筑里只有直流供电系统时，仍然是交流家用和直流家用电器都可以使用的。此时，直流家用电器可以直接连至直流母线电压工作；当直流母线电压与直流家用电器工作电压不同时，也可以添加 DC/DC 模块，将直流母线的电压转换至其工作电压；当使用交流家用电器时，则添加合适的 DC/AC 模块，将直流母线电压转换为其交流工作电压。

需要特别说明的是，目前部分交流家用电器，如冰箱、空调等，虽然适用于 220V 的交流供电网，但在日常使用过程中为了节约电能，采用一些新技术。比如"交流变频技术"，该家用电器内部存在 AC/DC/AC 变换模块，首先通过变频器内部的整流器，将交流电转换为直流电，再通过逆变器将直流电转换为所需幅值和频率的交流电，从而改变输出电压的频率和幅值控制感应电机的转速和转矩。又比如所谓的"直流变频技术"，该家用电器内部采用了直流无刷电机，通过 AC/DC/AC 模块，将交流电转换为电压和频率可变的交流电，从而控制直流无刷电机的转速和转矩。可见，无论是"交流变频技术"还是"直流变频技术"均需要将供电网的交流电变成直流电，再将直流电变换成所需幅值和频率的交流电，这种类型的家用电器实际上更适合应用于直流供电系统，这样可省掉交流变成直流的环节，更加节省资源，也更加节能。

本题编写作者：潘雷

46. 电动车仅仅是一辆车吗？

如图 7-8 所示，电动车因为其储能装置，可以看作一个个分布式的储能元件。而随着电动车的技术发展及使用推广，此种类型的储能元件个数正逐渐越来越多，容量也越来越大。与分布式电源对于电网的意义相比，分布式的储能元件对于电网的调节作用更为显著，因为它兼有"负载"和"电源"两个特征，能够更好的优化电网运行，起到"削峰填谷"的作用。在负荷处于波峰，必要的情况下，电动车的储能元件可以并入配电网，为附近的负荷提供电能；在负荷处于波谷时，电动车的储能元件可以进行充电，从而避免弃电情况的发生。以上情况可通过电价政策进行有效的引导，并可以结合当今电动汽车充电控制技术获得很好的执行。

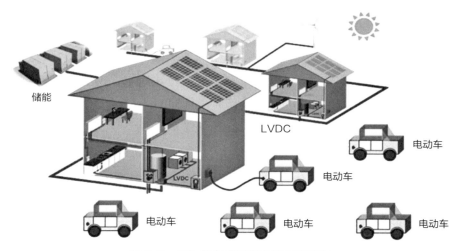

图 7-8　作为分布式储能元件的电动车

本题编写作者：潘雷

47. LED 是如何工作的?

（1）LED 发光原理

LED（Light Emitting Diode）是一种固态半导体器件，即发光二极管，和其他二极管一样都具有单向导电性，其核心构成是 PN 结，并配有电极和光学系统，构成俗称的"LED 灯珠"。外部正向施加适当的直流电流，LED 灯珠才可以正常发光，因此直流驱动器也是 LED 灯具的重要配件。

LED 芯片（PN 结）由 Ⅲ-Ⅳ 族化合物，如砷化镓（GaAs）、磷化镓（GaP）、磷砷化镓（GaAsP）等半导体制成，具有一般 PN 结的 I-N 特性，即正向导通、反向截止、击穿特性，LED 工作原理如图 7-9 所示。一定条件下，它还具有发光特性，在正向电压下，电子由 N 区注入 P 区，空穴由 P 区注入 N 区，进入对方区域的少数载流子（少子）一部分与多数载流子（多子）复合而发光。其发光过程包括 3 部分：正向偏压下的载流子注入、复合辐射和光能传输。当电子经过该晶片时，带负电的电子移动到带正电的空穴区域并与之复合，电子和空穴消失的同时产生光子。电子和空穴之间的能量（带隙）越大，产生的光子的能量就越高。

光子的能量反过来与光的颜色对应。可见光的频谱范围内，蓝色光、紫色光携带的能量最多，桔色光、红色光携带的能量最少。由于不同的材料具有不同的带隙，从而能够发出不同颜色的光，正向电压也不同。例如，典型工作电流为 10mA、最大工作电流为 50mA 的 LED 正向电压如表 7-1 所示。

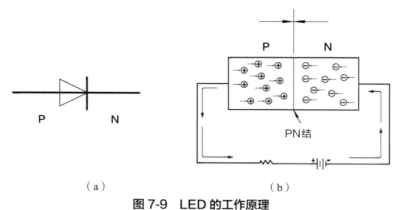

（a）　　　　　　　　　　　　　　（b）

图 7-9　LED 的工作原理

（a）发光二极管；（b）电子、空穴流动图

不同颜色的 LED 所需的正向电压　　　　　　　　　　　表 7-1

LED 类型		正向电压（V）
磷化镓 Gap	红色 LED	2.0～2.5
	绿色 LED	2.0～2.5
磷砷化镓 GaAsp	红色 LED	1.5～2.0
	绿色 LED	2.0～2.5
碳化硅 SiC	黄色 LED	5.5～6.0

LED 作为半导体冷光源，体积小、重量轻、光效高、寿命长、光谱范围广、方向性好，控制灵活多变等诸多优势，广泛应用于各种照明、景观亮化、户外广告、标牌、指示灯等多个方面，并成为市场主流光源，LED 灯珠典型封装如图 7-10 所示。

图 7-10　LED 灯珠的几种典型封装

（2）LED的供电与驱动

LED 灯珠正向导通后所流过的正向电流 IF，通常称为驱动电流。IF 与正向电压 VF（3V 左右）的乘积为该 LED 的功率。显然，对于同一颗灯珠而言，IF 越大，功率越大，亮度也越大；反之，IF 越小，功率越小，亮度越小。因此，调节正向电流 IF 的大小，

即可调节 LED 亮度。多个同规格灯珠串联构成 LED 模组，即可等比例增大发光功率和光通量。LED 的工作电流（施加的驱动电流）是影响 LED 发光量、使用寿命，甚至发光效率的重要因素。不论是交流供电还是直流供电，都需要为 LED 提供一个相匹配的稳定的直流源，确保 LED 可靠工作并满足亮度需求。交流供电时，这个直流源至少具有整流变换和电流整定两个功能，通常称其为（AC/DC）驱动电源；直流供电时，这个电流源的核心功能是电流整定，因此称其为直流驱动器。直流驱动器可以少用或不用电解电容等器件，使用寿命大幅增加。

因此，LED 设备的供配电采用直流集中供电更能充分发挥其性能优势。

本题编写作者：李炳华、马化盛

48. 电磁炉还是燃气灶炒出的菜好吃？

无论是电磁炉还是燃气灶，目的都是加热食物，区别在于加热功率和加热原理。在加热功率方面，家用燃气炉的热功率一般在 5kW 左右，而很多家用电磁炉的功率不到 3kW，导致很多用户觉得电磁炉的炒菜体验不如燃气灶。但事实上大功率电磁炉技术已经逐渐发展成熟了，目前市场上能够找到的商用电磁炉产品其最大功率已经达到数十千瓦，现在的电磁炉技术已经完全可以满足日常炒菜的功率需求了。而在加热原理方面，电磁炉由于利用电磁原理传热，因此要求锅底距离面板不能太远，而燃气灶则可以。因此有些专业烹饪技巧如颠勺等需要把锅抬离灶台一定高度，则无法在目前家用电磁炉上实现。当然，电磁炉技术也在发展，均匀加热问题逐步改善，甚至出现了等离子等可以模仿明火炒菜的技术，可以让人们更容易习惯电磁炉的炒菜方式。

本题编写作者：李叶茂

49. 自己家装光伏划算吗？

如果单纯考虑光伏发电上网的方式，根据《中国光伏产业发展路线图》分析 2018 年分布式光伏在 1200 等效利用小时数下的平准化度电成本（LCOE）已经降到 0.4 元。而 2020 年三类地区普通光伏电站的标杆上网电价为 0.49 元 /kWh，户用分布式光伏补贴 0.08 元 /kWh，此外部分地方还可能有额外的补贴政策。因此，即使单纯安装光伏发电上网也已经可以盈利。如果再考虑光伏自用，鉴于用电电价往往比光伏上网电价高，用户实际上可以获得更大收益。用电电价越高、光伏自用比例越大，安装光伏的经济性越好。

然而，不同建筑场景的光伏发电自用率差异很大。一方面，光伏发电曲线在晴天时呈显著的抛物线规律，但建筑用电负荷曲线不一定能与之匹配。如图 7-11 所示，住宅类型建筑工作日的用电负荷曲线呈现白天用电负荷低、夜间用电负荷高的特点，与光伏发电规律相反，屋顶光伏白天发电量就无法充分被建筑自身消纳；而办公楼、商场等公共建筑的用电负荷曲线则与光伏发电曲线较为匹配，屋顶光伏发电量容易被建筑自身充分消纳。另一方面，建筑层数会影响光伏发电量占建筑用电量的比例，层数越多，屋顶光伏发电量占用户用电量的比例也越小。比较图 7-11 中上面两张图，多层住宅的屋顶光伏发电量占比显著高于高层住宅小区，但是由于发用电负荷规律不匹配，多层住宅白天其实有大量光伏电量无法由建筑自身消纳，使得低层住宅安装光伏发电的"性价比"反而不如高层住宅。

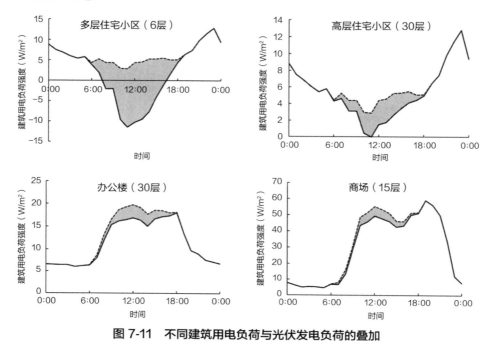

图 7-11　不同建筑用电负荷与光伏发电负荷的叠加

注：实践为光伏发电功率与建筑用电负荷叠加后的建筑净负荷；虚线为建筑用电负荷。

为了消纳光伏发电量，余电上网是当前最简单的方法，当前可再生能源在电网中的比例还不高，电网仍具备较充足调节能力，因此并网压力不大。但是未来如果大规模的分布式光伏都采用这一方式上网，势必会对电力系统造成巨大调节压力，无计划的余电上网并非长久之计。因此，隔墙售电可能是解决未来光伏消纳的一种方式，把白天的多余发电量卖电给邻近的公共建筑，就近解决电力平衡，同时也为光伏发电方提供不错的经济回报。此外，蓄电池将白天富余光伏储存下来晚上使用也是一种可行的技术途径，但是由于目前储电成本较高，而当下的峰谷电价差还不大，经济效益不佳，除非是在供电成本较高的边远地区。

所以，自己家庭安装光伏系统是否划算应结合具体的情况、场景、政策、电价、用电习惯、设备及系统的成本等综合考虑。而且，仅仅用节约电费来衡量是否划算也会略显片面，安装光伏不仅可以节省购电需求，同时还对绿色环保有促进作用，尤其对于无电、缺电和供电不稳定的区域发展分布式光伏有非常重要的意义。

本题编写作者：李叶茂、侯院军

50. 小米为什么不随机赠送手机电源适配器了？

按照多数手机品牌方的解释，购机不再随机赠送手机电源适配器是为响应科技环保号召，但实际上如何科技环保，似乎更值得我们去深思。如小米、苹果等均无购机赠送手机电源适配器。这样做，对用户来说，似乎确实有些不太方便。但是我们可以设想这种情况：图 7-12 中的这个插座，相信大家在很多地方都看到过。这类插座已经结合了交流和直流，给用户一个直流输出口的选择。更有一根线可以拖出来很多接头的（iPhone 30pin、8pin，安卓 mini、micro-usb、type-c 等）。当这些带充电接口的插座随处可见甚至无处不在的时候，我们再想想，自己手上的电源适配器是不是真的多余了、浪费了？我们同样可以想象如果有一天，这些插座不仅把 USB 口带了，而且也把充电线带了，那么我们的手机还需要充电线吗？手机厂家甚至都可以把充电线也默认不配置了。

图 7-12　带 USB 接口的插座

最后，我们是不是经常有忘记带手机充电线适配器的情况，或者在需要充电的时候往往找不到线了。那么我们再往前设想一步，如果以后的手机都支持无线充电了，我们的这些插座也把无线充电功能都集成了。当我们需要充电的时候，只要把手机靠近插座或者放在插座上即可，是不是更方便、更科技、更环保一些呢？当然，这些前提是我们的这些带充电功能的插座或者其他设备要更智能一些，能够识别手机，让我们的充电能够安全可靠。

本题编写作者：侯院军

第8章 为什么发展"光储直柔"建筑?

51. "光储直柔"建设推广的意义是什么?

低碳能源、可靠微网。"光储直柔"利用建筑屋顶、墙面及周边的空间资源,通过与建筑外饰构件、遮阳部件等结合,安装太阳能光伏,发出可再生电力,直接供建筑使用。"光储直柔"依靠分布式储能装置和建筑热惯性,柔性调节建筑光伏发电和空调等用能负荷,聚合电动车等建筑周边的可调资源,为电力系统提供电力灵活性,以充分消纳具有波动性的可再生能源,尤其在未来高比例风光电的能源结构下,"光储直柔"的柔性将承担重要的调峰作用。"光储直柔"为建筑构建了一套直流微网系统,既能隔离交流电网侧的扰动和故障,还能依靠分布式光伏、储能电池、电动车放电,以及柔性减小负荷实现短时间局部离网,提高建筑供电的可靠性。

高效储配、智慧管理。"光储直柔"利用直流配电系统连接光储直流电源和直流负载,取消光伏和储能的交直变换环节,尤其在白天光伏余电用电池储存的情况,提高发储配用的能源效率。"光储直柔"建筑还是电网交互型高效建筑,如图8-1所示,通过智能控制实现能效、储能、可再生能源和灵活负荷的全面优化融合,根据电力系统的实时电价和碳排放因子等优化用能模式,帮助业主和物业节约系统运行成本,保障高比例可再生能源的平衡消纳。

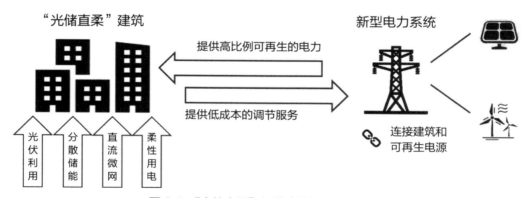

图 8-1 "光储直柔"促进建筑与电网携手低碳

创新技术、广阔市场。"光储直柔"如果看作4项独立技术分别早有研究,但是在建筑领域应用较少。光伏建筑一体化技术、与消防结构结合的建筑蓄电池技术、建筑电动汽车双向互动技术、建筑直流配电技术、建筑虚拟电厂技术等都是当前学术界的研究热点。"光储直柔"不仅会与建筑设计、建造、运营深度融合，4 项技术之间也会在建筑应用中相互融合，推动建筑节能低碳技术的创新发展，引导建筑用能模式的转变。在建筑低碳发展和新型电力系统发展背景下，"光储直柔"将迎来发展机遇，直接带动包括光伏、储能、充电桩、直流配电、能源智慧管理在内的建筑配电产业升级，而且间接带动电动车和直流电器产业，具有广阔市场前景。

本题编写作者：李叶茂

52. "光储直柔"的"柔"和特高压柔直的"柔"是一回事吗？

建筑行业有"光储直柔"技术，电力行业有特高压柔直技术。共同点是都包括"直"和"柔"两个字，而且两个"直"都代表直流（DC）；"直"的不同是一个是电力行业的特高压直流（HVDC），一个是建筑行业的低压直流（LVDC）；电力行业的"柔直"可以理解为柔性的直流，建筑行业的"直柔"是以直流为手段，柔性（弹性）为目标。

（1）特高压柔直的"柔"

《柔性直流输电用变压器技术规范》GB/T 37011—2018 中规定柔性直流输电是基于电压源换流器的高压直流输电，柔性直流输电亦称为"VSC-HVDC 输电"，如图 8-2 所示，VSC-HVDC，就是 Voltage Source Converter based High Voltage Direct Current。

GB/T 37011—2018

3.1　通用术语和定义

3.1.1

电压源换流器　voltage-sourced converter
一种交流/直流换流器，由一个集中的直流电容器或换流器各桥臂内的多个分散式直流电容器提供平滑的直流电压。
注：电压源换流器采用全控型半导体器件，如 IGBT。

3.1.2

多电平换流器　multi-level converter
交流侧输出相电压波形的电平数大于 3 的电压源换流器。

3.1.3

模块化多电平换流器　modular multi-level converter
每个 VSC 阀由一定数量的独立单相电压源换流器串联组成的多电平换流器。

3.1.4

柔性直流输电　high voltage direct current transmission based on voltage-sourced converter
基于电压源换流器的高压直流输电。
注：柔性直流输电亦称为"VSC-HVDC 输电"。

图 8-2　"柔性直流输电"条文规定

VSC-HVDC 技术由加拿大 McGill 大学的 Boon-Teck Ooi 等人于 1990 年提出，是一种以电压源换流器、自关断器件和脉宽调制（PWM）技术为基础的新型输电技术，作为新一代直流输电技术，其在结构上与高压直流输电类似，仍是由换流站和直流输电线路（通常为直流电缆）构成。该输电技术具有可向无源网络供电、不会出现换相失败、换流站间无需通信及易于构成多端直流系统等优点，Siemens 叫作 HVDC PLUS，ABB 叫作 HVDC Light。大电网的柔性是通过电力电子器件特性的变化来适应电力系统电压、电流"强弱"的问题。

以"柔性直流"和"高压直流"为关键词检索的话，相关标准多，而且其中很多是国标或行标，如图 8-3 所示。

柔性直流输电线路检修规范GB/T 37013-2018
柔性直流输电线路检修规范 GB/T 37013-2018

行业标准 〉 电力专业

海上柔性直流换流站检修规范GB/T 37014-2018
海上柔性直流换流站检修规范 GB/T 37014-2018

行业标准 〉 电力专业

柔性直流输电设备监造技术导则DL/T 1793-2017
柔性直流输电设备监造技术导则 DL/T 1793-2017

行业标准 〉 电力专业

柔性直流输电换流站运行规程DL/T 1795-2017
柔性直流输电换流站运行规程 DL/T 1795-2017

行业标准 〉 电力专业

柔性直流输电换流阀检修规程DL/T 1833-2018
柔性直流输电换流阀检修规程 DL/T 1833-2018

行业标准 〉 电力专业

柔性直流输电工程系统试验GB/T 38878-2020
柔性直流输电工程系统试验 GB/T 38878-2020

国家规范 〉 电气专业

柔性直流输电换流站检修规程DL/T 1831-2018
柔性直流输电换流站检修规程 DL/T 1831-2018

行业标准 〉 电力专业

柔性直流输电换流站设计标准[附条文说明]GB/T 51381-2019
柔性直流输电换流站设计标准[附条文说明] GB/T 51381-2019

行业标准 〉 电力专业

柔性直流输电用启动电阻技术规范GB/T 36955-2018
柔性直流输电用启动电阻技术规范 GB/T 36955-2018

行业标准 〉 电力专业

柔性直流输电系统性能 第2部分：暂态GB/T 37015.2-2018
柔性直流输电系统性能 第2部分：暂态 GB/T 37015.2-2018

行业标准 〉 电力专业

图 8-3　检索结果示例

（2）"光储直柔"的"柔"

"光储直柔"的"柔"，主要是建筑负荷和以风光为主的高比例可再生电源之间的供需关系问题。

未来以风光为主的可再生能源装机容量占总装机容量的 80%，其发电量占总发电量的 60%，电源波动性是常态的，是刚性的。未来电力出力规律如图 8-4 所示，绿电上沿的曲线为24h电源出力规律，而我们当前的用电规律是图中黑色的曲线。也就是未来可能是晚上缺电、白天富余。

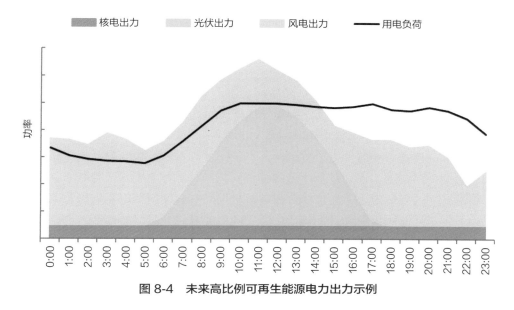

图8-4 未来高比例可再生能源电力出力示例

相对明确的是：

1）通过建筑负荷灵活性调节，使建筑从电网取电的规律与未来高比例可再生发电规律相一致；

2）建筑用电柔性重点是解决一天内的平衡问题，即日平衡而不是季节平衡。

要深入研究、讨论的是：

1）每一栋楼的"柔"一样吗，或者说不管是办公、商业还是住宅每一栋楼都要100%跟踪未来的高比例可再生出力曲线吗？

2）建筑、工业、交通三大领域都要同样跟踪未来的高比例可再生出力曲线吗？

上述两个需要深入研究、讨论的问题，本质上说是"各扫门前雪"，还是全社会协同的问题；是从宏观上、总量上的正确，往微观上的正确走的过程。从有利于分工考核的角度来说，显然前者容易；从全社会系统成本最优的角度看，后者会更具有优势。

综上所述，"光储直柔"的"柔"是采用建筑负荷灵活性调节技术，实现弹性取电，应对电源出力的波动性；特高压柔直的"柔"是采用电压源换流器等技术，实现特高压直流输送，保证电网安全性和可靠性。

本题编写作者：郝斌

53. 为什么"光储直柔"的核心是"柔"，不是"直"呢？

"光储直柔"4项技术各有特点，分别解决不同的问题。发展以"柔"为核心的"光储直柔"有前置条件，那就是以低碳发展为目标的城市建筑场景。

　　未来低碳能源结构是风、光电高比例渗透的能源结构，二者发电量合计占比将近70%。从"十二五"开始，风光电源进入了快速发展阶段。开始风光电源占比较小、发电成本较高，所以由国家补贴建设、由电网充分消纳。现在，随着风光电渗透率的提高，风光电发展所面临的问题也在发生转变。2021 年，风电装机容量达 3.3 亿 kW，光电装机容量达 3.1 亿 kW，风光发电量占比合计 12%。而且部分西部地区的风光电源中标电价已经低于燃煤电厂上网电价，风光电在发电经济性上已经具有了强竞争力。随着风光电占比不断提高，消纳能力不足的问题逐渐凸显，2019 年开始落实的可再生能源配额制就是围绕消纳责任而制定的。未来，能源转型和新型电力系统发展的瓶颈之一就是如何获取大量灵活资源，以解决风光电消纳问题。

　　所以，推动建筑"光储直柔"技术就是为了促进分布式光伏发展，发展和聚合建筑内部和周边的灵活资源，增加可再生能源的消纳能力。如图 8-5 所示的原始负荷是建筑正常使用情况下的用电规律，而目标负荷则是根据最有利于消纳可再生能源原则确定的用电规律。为了从原始负荷到目标负荷，需要利用建筑设备、储能电池、电动汽车的柔性，在前半天目标负荷大于原始负荷时车辆充电、电池充电、负荷调增，以消纳可再生能源余量；在后半天目标负荷小于原始负荷时车辆放电、电池放电、负荷调减，以缓解电力紧张。这种"荷随源动"的柔性建筑能够有效缓解未来高比例可再生电源结构下的电网调峰压力，提高运行经济性，同时，也能够为建筑自身提供高质量、智能化的供电服务。

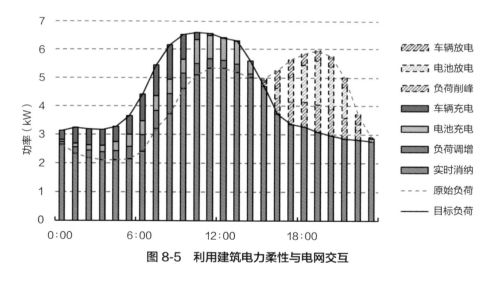

图 8-5　利用建筑电力柔性与电网交互

本题编写作者：李叶茂

54. 柔性控制对可再生能源消纳帮助大吗？是消纳建筑自身的光伏还是集中的风电光电？

　　在能源供应形势、气候环境挑战、数字经济发展的背景下，我国政府提出了碳达峰、碳中和目标，并要求加快推进建设新能源为主体的新型电力系统。未来新能源大规模接入，将导致系统特性发生变化，电力系统必须具有强大灵活的调节能力，确保大规模新能源并网后实现发电和用电平衡，为用户提供稳定、持续的供电保障。以煤电为代表的调节能力强的电源，受限于环保和碳排放因素将逐年下降，通过虚拟电厂技术提升负荷侧可调节能力已成为业界公认的技术路径。而在众多可调节资源类型中，大型公共建筑的中央空调系统由于建筑本身的热惯性和楼宇自动控制系统良好的调节能力，是城市电网中最大的负荷侧可调节资源库，因此建筑负荷通过提升自身柔性控制能力对于消纳可再生能源作用非常大。建筑柔性控制首先是辅助消纳建筑本身的新能源，然后通过电网在资源配置中的优化作用，实现建筑与远处的新能源协同消纳，在风电和光伏消纳困难的时段可以通过接收调度指令调整自身用电负荷来辅助电网消纳清洁能源。

2025 年、2030 年各月份弃风弃光弃水模拟计算结果如表 8-1、表 8-2 所示，根据南方电网科学研究院自主研发的电网 8760h 运行模拟预测分析软件评估，2025 年广东省弃风电量 1.2 亿 kWh，弃风率 0.16%，弃光电量 0.1 亿 kWh。2030 年弃风电量 15.1 亿 kWh，弃风率为 1.67%，弃光电量 1.6亿 kWh，弃光率为 0.40 %。

2025 年各月份弃风弃光模拟计算结果（单位：亿 kWh） 表 8-1

类型	总计	1 月	2 月	3 月	4 月	5 月	6 月	7 月	8 月	9 月	10 月	11 月	12 月
2 弃风电量	1.2	0	0.1	0.2	0	0	0.2	0	0	0	0	0	1.2
2 弃光电量	0.1	0	0	0	0	0	0	0	0	0	0	0	0.1

2030 年各月份弃风弃光弃水模拟计算结果（单位：亿 kWh） 表 8-2

类型	总计	1 月	2 月	3 月	4 月	5 月	6 月	7 月	8 月	9 月	10 月	11 月	12 月
2 弃水电量	0	0	0	0	0	0	0	0	0	0	0	0	0
2 弃风电量	15.1	1.8	0	1.2	0.6	1.2	0	0.2	0	1.3	4.9	1.6	2.3
2 弃光电量	1.6	0.1	0	0.2	0.1	0.1	0	0	0	0.2	0.4	0.2	0.3

根据深圳市能耗监测平台数据分析，由 8 月典型日 24h 室外温度计算 8 月逐小时不同类型建筑领域的可调节潜力如图 8-6 所示。8 月不同类型建筑可调节潜力在 2～18MW 之间，总可调节潜力范围在 15～50MW 之间，商业建筑可调节潜力最大，文化教育可调节潜力最小。最大可调节潜力出现在上午 10∶00～12∶00，下午 15∶00～17∶00 两个时段，和深圳电网负荷曲线基本一致，能为大型城市电网削减尖峰负荷提供技术支撑。考虑建筑可调节潜力的时刻分布后，输入运行模拟优化程序重新计算获得，新的弃风和弃光量统计值，最终计算可得出减少弃风弃光电量 3872 万 kWh。

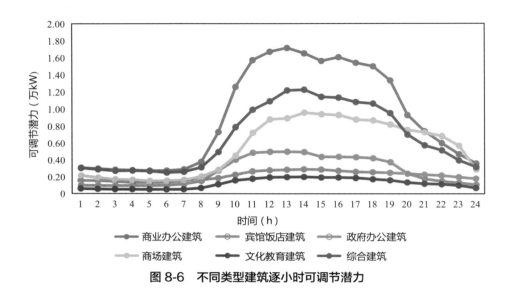

图 8-6　不同类型建筑逐小时可调节潜力

本题编写作者：王滔

55. 农村光伏"用不了"也"出不去"怎么办？

自 2021 年 10 月国务院发布关于印发《2030 年前碳达峰行动方案》的通知（国发〔2021〕23 号），集光伏发电、储能、直流配电、柔性用电于一体的"光储直柔"建筑开始进入大众视野。从光伏、储能、直流配电、柔性用电四项技术特点及应用场景来看，城市"光储直柔"重在"柔"，乡村则重在"光"。从 2021 年 6 月能源局发布《关于整县屋顶分布式光伏开发试点方案的通知》后，至 2022 年 3 月期间各部委密集发文推进农村能源转型发展，助力乡村振兴。

（1）乡村 PEDF 的主要贡献与矛盾

乡村"光储直柔"将成为分布式光伏的主战场。随着太阳能光伏组件效率的显著提升和成本的持续下降，分布式光伏发电已具备良好的应用场景，同时太阳能光伏发电系统简单高效，运行维护要求较低，是可再生能源建筑应用的主要技术选择之一。目前市场上不同类型的光伏组件，如高效 PERC/PERT 组件、铜铟镓硒（CIGS）、碲化镉（CdTe）、砷化镓（GaAS）等薄膜太阳能电池，已能够实现既满足光伏建筑一体化与第五立面美观性需求，也满足发电效率的功能性要求。据统计，2021 年光伏新增并网装机约 5300 万 kW，其中分布式光伏新增约 2900 万 kW，占全部新增光伏发电装机的 54.7%，历史上首次突破 50%，光伏发电集中式与分布式并举的发展趋势明显。同时，新增分布式光伏中，户用光伏约 2150 万 kW。户用光伏已经成为我国如期实现碳达峰、碳中和目标和落实乡村振兴战略的重要力量。

乡村光伏难以消纳与并网已成为分布式光伏发展的主要障碍。从单个用户来看，户均光伏装机容量至少为 10kW/ 户，投资 3 万～ 4 万元 / 户，年发电量 8000 ～ 12000kWh/ 户，这在技术和经济性上都具有可行性。而户均生活用电量仅为 1500～2000kWh/户，光伏发电除覆盖日常用电、采暖用电等在内的居民生活用电，仍有很大余量；从总量上来看，有相关研究机构预测，"双碳"目标下未来农村光伏装机容量有望达到 20 亿 kW，年发电量约 2 万亿 kWh，基本上和目前全国建筑运行用电量相当。而农村建筑 2020 年用电量为 3446 亿 kWh，未来城乡一体化水平不断提高，即使户均用电量翻 2～3 倍也难以实现就地消纳。

那用不了，并网送出去呢？以目前农村电网一个台区为例，可供电范围约 100 户，则该台区光伏总装机容量约为 1MW，发电高峰期可达 800kW 的出力，即使就地消纳50%，但由于台区变压器容量限制，近 400kW 的光伏余电依然难以并网——"出不去"。因此，即使政策大力推进分布式光伏、鼓励千村万户电力自发自用，光伏发电"用不了"和"出不去"两个矛盾仍比较突出。

（2）"用不了"——"光伏 +"模式

随着经济发展和城乡一体化的提高，农村居民家用电器种类逐渐接近城镇居民，未来农村居民生活用电量将提升到 2000～3000kWh/户；加之电动车、电动农机农具的普及，年用电量提升约 1000kWh/户；还有很多地区农村采暖未完成清洁能源改造，每年3000～5000kWh/户可实现采暖需求。由此，农村电气化、清洁采暖后，每户年用电量6000～9000kWh，户均光伏装机 10kW 在冬季可基本实现就地消纳，光伏余电则主要出现在夏季，如图 8-7 所示。

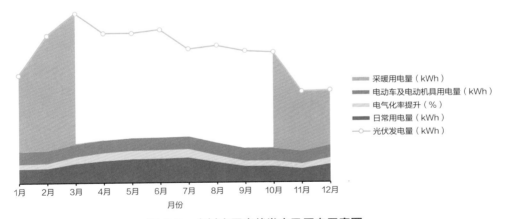

图 8-7 乡村户用光伏发电及用电示意图

第一，生活水平提升，电气化率提高。农村能源消费模式近年来发生了显著变化，主要能源从生物质能转变为了商品能，尤其以电能增长最为迅速，从 2001 年的 400kWh/户增长至 2020 年的 2000kWh/户。而 2020 年我国农村电气化率为 18%，未来还有较大增长空间。

第二，光伏＋电采暖技术成熟，可以是电热泵采暖，也可以是电热膜、电暖气等，很多从前由于电力供应紧张无法大面积推广的电采暖技术，在需要提升光伏发电就地消纳的今天具备了应用优势。未来随着可再生电力占比的提高，建筑节能重点可能将从"四步"或"五步"节能转变为以冬季光伏余电为边界条件确定采暖怎么解决、建筑保温怎么做、部分空间环境营造该怎么设计怎么使用等。

第三，光伏＋直流电器，现阶段农村居民用电以照明插座、空调用电为主，常用家用电器绝大多数已实现了直流化，已解决了从 0 到 1 的工作。随着"十四五"国家重点研发计划项目"建筑机电设备直流化产品研制与示范"的启动和完成，还将为老百姓提供更多的直流电器产品选择，而且价格也会随着推广使用具有优势，智能化水平比过去有显著的提高。

第四，光伏＋电动车或电动农机农具，这一模式在清华大学建筑节能楼、深圳建科院未来大厦等开展了大量的双向充放电实验，已经实践验证了在光伏发电富余的时候向电动车充电、光伏不出力且市政电网供电紧张时电动车向建筑放电的可行性。如此不仅解决了电动车有序充电问题，也能够对电网起到重要的支撑作用，这一从建筑光伏到电动车再到建筑的过程称之为建筑电动车交互（BVB）。这一概念从城市到农村也在山西某村实现了示范，当然在农村除了 BVB 还可能会涉及反送电网的问题。

总之，上述"光伏＋"模式旨在解决光伏发电"用不了"的问题，这些技术都已经在农村部分地区有很好的试点和应用。

（3）"出不去"——上直流微网

第二个问题是余电上网"出不去"，且主要是夏季上网的问题。实践中发现光伏上网难主要难在村级电网变压器容量有限。一方面，每户光伏并网的时候都会给电网带来非常大的挑战，包括三相不平衡、谐波、电压波动、闪变等问题，光伏出力高峰时对电网的冲击影响也非常大，这是现阶段电网很难接入的技术难点所在。另一方面，若全国都推广整县屋顶分布式光伏开发，500 多个县近 1 亿 kW 光伏装机，仅变压器扩容的改造成本将高达 3000 亿元，这是更大的难点所在。根据国家能源局电力可靠性管理和工程质量监督中心报告显示，2020 年全国城市地区平均供电可靠率 99.945%，农村地区平均供电可靠率 99.835%，全国城市地区用户平均停电时间 4.82h/ 户，农村地区用户平均停电时间 14.51h/ 户。那么，是否有方案可以既解决光伏并网问题，又能减少变压器扩容投资，还能提高农村供电可靠率呢？

由此，该解决方案需要先实现不同台区之间互连，一方面把光伏发电系统组成直流微网，通过柔性变换器和各个台区及电网交互，解决目前多点户用光伏并网带来的问题，实现柔性用电；另一方面，直流微网解决了不同台区之间的电力调度，先就地、就近消纳光伏发电，余电集中上网时可选择有余量的变压器，可实现在既有变压器容量下的并网分配，解决了变压器扩容成本的问题，同时三相不平衡、闪变以及光伏波动性等问题都能得到很好的解决。如图 8-8 所示即为"光储直柔"新型能源系统在山西芮城某村的实践示范，实现了光伏发电的可观、可测，更重要的是可控。

通过农户自建屋顶光伏＋储能＋直流配电＋柔性用电的柔性直流微电网系统实现光伏发电的可控，能够在城市屋顶资源有限条件下为城市用电清洁化提供支撑，成为区域电网的可调节资源。同时，通过光伏并网的可控，参与电力市场交易，未来还有可能为农户带来更高的并网电价收益，在快速收回投资的基础上实现农村的免费采暖、免费用电。现阶段工程实践已经能够实现 5 个台区互联，功率达到 2MW 的运行与控制，未来推广应用后将是全社会范围内更大意义上的用电清洁化、低碳化。

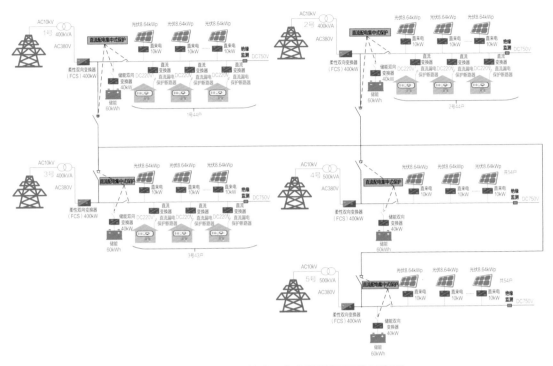

图 8-8　乡村"光储直柔"新型能源系统示意图

综上所述，农村"光储直柔"新型能源系统对于提高农村电网可靠性、实现台区功率互济、光伏并网配置，以及提高建筑电气化和居民生活水平方面具有重要意义。加之城市"光储直柔"促进实现建筑电力交互、建筑电动车交互，以及主动功率控制，是建筑领域参与建设新型电力系统的关键技术，未来也将成为建筑领域实现"双碳"目标的重要解决方案。

本题编写作者：郝斌

56. 推广"光储直柔"建筑可以获得哪些收益？目前国家和地方对"光储直柔"建筑的支持政策和经济补贴有哪些？

（1）推广"光储直柔"建筑可以获得哪些收益？

发展"光储直柔"建筑，可以充分利用建筑分布式可再生能源、储能（储电、蓄冷、蓄热）和柔性用电负荷等多种能源灵活性资源，使电力系统和建筑用户获得可观的经济收益，并提高电力系统的安全性、稳定性和可靠性，同时降低全社会的碳排放。

对电力系统而言，"光储直柔"建筑通过充分利用建筑中的多种能源灵活性资源，可以降低用电负荷峰谷差，对于电力系统而言具有重要意义。首先，可以减少或推迟为满足全年不足 100h 的调峰电厂及输配电（T&D）基础设施的建设，并避免了由此新增的电力调峰基础设施的投资及运行维护成本；其次，有助于提高现有火力发电机组的效率，从而减少能源消耗，降低发电成本；最后，有助于提高电力系统的安全性、稳定性和可靠性，提高供电质量。

对于建筑用户而言，"光储直柔"建筑一方面可以利用建筑中的双向充放电电动车、储能（电池储能、蓄冷、蓄热）等资源，在光伏发电多余时储存多余的电能或者利用光伏发电驱动蓄冷、蓄热装置储存冷热量来间接蓄电，在光伏发电不足时释放储存的电量或冷热量，减少建筑市政电量需求，节约运行电费。另一方面，可以利用建筑中的柔性用电负荷、双向充放电电动车、储能（电池储能、蓄冷、蓄热）资源，在电力系统需要时参与电力需求响应和电力市场交易，获得可观的经济效益。"光储直柔"系统还可以作为建筑的备用电源，在市政电网断电时为建筑提供可靠的供电保障，丰富了电力供应的灵活性和可选择性，有助于提高用户满意度。

对于全社会而言，发展"光储直柔"建筑，不仅可以促进能源供应端可再生能源消纳，提高电力系统中绿色电力的比例，降低电力系统的碳排放，而且使建筑从单纯的消费者转变为产消者，减少了建筑终端化石能源消耗量，降低了建筑能源消耗产生的直接碳排放量和购买市政电力产生的间接碳排放量，从而降低全社会碳排放量，对于缓解全球气候变暖，实现可持续发展具有重要意义。

（2）国家和地方对"光储直柔"建筑的支持政策

国家层面，"光储直柔"建筑的发展已写入中共中央、国务院有关文件，主要文件如下：

2021年10月24日，中共中央国务院发布了《关于完整准确全面贯彻新发展理念做好碳达峰碳中和工作的意见》指出：深化可再生能源建筑应用，加快推动建筑用能电气化和低碳化。开展建筑屋顶光伏行动，大幅提高建筑采暖、生活热水、炊事等电气化普及率。

2021年10月26日，国务院发布的《2030年前碳达峰行动方案》明确提出，提高建筑终端电气化水平，建设集光伏发电、储能、直流配电、柔性用电于一体的"光储直柔"建筑。

2022年1月4日，工业和信息化部等五部门联合发布的《智能光伏产业创新发展行动计划（2021—2025年）》提出：开展以智能光伏系统为核心，以储能、建筑电力需求响应等新技术为载体的区域级光伏分布式应用示范。提高建筑智能光伏应用水平，积极开展光伏发电、储能、直流配电、柔性用电于一体的"光储直柔"建筑建设示范。拓展智能光伏技术耦合，发展智能光伏直流系统，开展光伏储能直流耦合系统技术研究，拓展光伏直流建筑、太阳能路灯、直流空调等直流负载应用。

2022年3月1日，住房和城乡建设部发布的《关于印发"十四五"建筑节能与绿色建筑发展规划的通知》提出，鼓励建设以"光储直柔"为特征的新型建筑电力系统，发展柔性用电建筑。

2022年3月1日，住房和城乡建设部印发《"十四五"住房和城乡建设科技发展规划》提出，开展高效智能光伏建筑一体化利用、"光储直柔"新型建筑电力系统建设、建筑－城市－电网能源交互技术研究与应用。

2022年6月1日，国家发展和改革委、国家能源局等九部门联合印发《"十四五"

可再生能源发展规划》，深入贯彻"四个革命、一个合作"能源安全新战略，落实碳达峰、碳中和目标，推动可再生能源产业高质量发展。

2022 年 6 月 17 日，生态环境部等七部委联合印发的《减污降碳协同增效实施方案》（环综合〔2022〕42 号）提出：推动能源供给体系清洁化低碳化和终端能源消费电气化，实施可再生能源替代行动，大力发展风能、太阳能、生物质能、海洋能、地热能等。推动超低能耗建筑、近零碳建筑规模化发展，大力发展光伏建筑一体化应用，开展光储直柔一体化试点。

2022 年 6 月 24 日，科技部等九部门印发的《科技支撑碳达峰碳中和实施方案（2022—2030 年）》提出：研究光储直柔供配电关键设备与柔性化技术，建筑光伏一体化技术体系，区域－建筑能源系统源网荷储用技术及装备。建立一批适用于分布式能源的"源－网－荷－储－数"综合虚拟电厂，建设规模化的光储直柔新型建筑供配电示范工程。

2022 年 6 月 30 日，住房和城乡建设部、国家发展改革委联合发布的《城乡建设领域碳达峰实施方案》提出：推动开展新建公共建筑全面电气化，推动高效直流电器与设备应用，推动智能微电网、"光储直柔"、蓄冷蓄热、负荷灵活调节、虚拟电厂等技术应用，优先消纳可再生能源电力，主动参与电力需求侧响应。

2022 年 10 月 9 日，国家能源局发布《能源碳达峰碳中和标准化提升行动计划》提出：建立完善以光伏、风电为主的可再生能源标准体系，研究建立支撑新型电力系统建设的标准体系，加快完善新型储能标准体系，有力支撑大型风电光伏基地、分布式能源等开发建设、并网运行和消纳利用。

2022 年 10 月 16 日，第二十次全国代表大会上明确：积极稳妥推进碳达峰碳中和，推动能源清洁低碳高效利用，加快规划建设新型能源体系。

地方层面，已有 21 个省市出台了推动"光储直柔"建筑发展的规划及政策文件，具体如下：

2021 年 7 月 20 日，江苏省住房城乡建设厅《关于印发〈江苏省"十四五"绿色建筑高质量发展规划〉的通知》（苏建科〔2021〕114 号）：积极推动分布式太阳能光伏应用，大力发展光伏瓦、光伏幕墙等建材型光伏技术，探索光伏柔性直流用电建筑或园区示范。

2021 年 11 月 3 日，上海市住房和城乡建设管理委员会发布《关于印发〈上海市绿色建筑"十四五"规划〉的通知》（沪建建材〔2021〕694 号）：鼓励采用与建筑一体化的可再生能源应用形式。加快部署"光伏＋"可再生能源建筑规模化应用，推进适宜的新建建筑安装光伏，2022 年起新建政府机关、学校、工业厂房等建筑屋顶安装光伏的面积比例不低于 50%。推动建筑可再生能源项目的创新示范，提高建筑终端电气化水平，探索建设集光伏发电、储能、直流配电、柔性用电为一体的"光储直柔"建筑。

2021 年 11 月 30 日湖北省出台《"十四五"建筑节能与绿色建筑发展实施意见》（鄂建墙〔2021〕4 号）：大力发展太阳能光伏在城乡建设中分布式、一体化应用。在满足安全性能的基础上，推动城镇既有党政机关、学校、医院等公共建筑，以及工业厂房和居住建筑加装太阳能光伏系统。

2021 年 12 月 30 日，安徽省发布《安徽省十四五建筑节能与绿色建筑发展规划》（建综函〔2021〕1165 号）：鼓励各地市开展建筑碳排放达峰城市、"光储直柔"建筑、超低能耗、近零能耗、零碳建筑等试点示范。

2022 年 1 月 5 日，河北省委省政府出台《关于完整准确全面贯彻新发展理念认真做好碳达峰碳中和工作的实施意见》：构建适应非化石能源高比例大规模接入的新型电力系统，推进可再生能源建筑应用，开展整县屋顶分布式光伏开发试点。

2022 年 2 月 14 日，宁波市人民政府出台《关于大力推进建筑屋顶分布式光伏发电系统应用工作的若干意见》（甬建发〔2022〕15 号）：到 2025 年底，建筑屋顶安装分布式光伏发电工作全面推进，力争 15% 以上的建筑屋顶设置分布式光伏发电系统，90%以上新建建筑全面落实分布式光伏发电系统，建筑领域分布式光伏装机容量占全社会累计光伏并网容量超过 60%。

2022 年 2 月 17 日，浙江省委省政府出台《关于完整准确全面贯彻新发展理念做好碳达峰碳中和工作的实施意见》：积极发展低碳能源。实施"风光倍增"工程，推广"光伏＋农渔林业"开发模式，推进整县光伏建设。加快储能设施建设，鼓励"源网荷储"一体化等应用。加快建设以新能源为主体的新型电力系统。开展绿色电力交易，促进可再生能源消纳。

2022 年 2 月 22 日，河南省政府发布《河南省"十四五"现代能源体系和碳达峰碳中和规划》：构建新型电力系统，建设一批"源网荷储"一体化和多能互补示范项目，探索构建"源网荷储"高度融合的新型电力系统发展模式。

2022 年 3 月 3 日，《武汉市建筑节能与绿色建筑"十四五"发展规划》（武城建〔2022〕2 号）：促进可再生能源综合利用和多元化发展，将可再生能源利用纳入各级上位发展规划之中，与绿色建筑、低碳城区规划相衔接和协调，推动太阳能、地热能、空气能、生物质能、余热等能源的综合利用。

2022 年 3 月 13 日，湖南省委省政府出台《关于完整准确全面贯彻新发展理念 做好碳达峰碳中和工作的实施意见》：提高可再生能源建筑应用比例，开展建筑屋顶光伏行动，不断提高建筑采暖、生活热水、炊事等电气化普及率。

2022 年 3 月 14 日，四川省委省政府出台《关于完整准确全面贯彻新发展理念 做好碳达峰碳中和工作的实施意见》：深入推进可再生能源建筑应用，在太阳能资源丰富的地方开展建筑屋顶光伏行动，推行光伏建筑一体化。加快推动建筑用能电气化和低碳化。

2022 年 3 月 23 日，《北京市"十四五"时期住房和城乡建设科技发展规划》（京建发〔2022〕81 号）发布：开展建筑光伏一体化试点、研究开发"光储直柔"新型建筑用能系统等低碳高效能源领域的新技术、研究建筑内用能系统电气化和推广使用高能效设备技术路径。

2022 年 3 月 29 日，广东省住房和城乡建设厅《关于印发〈广东省建筑节能与绿色建筑发展"十四五"规划〉的通知》（粤建科〔2022〕56 号）：实施建筑电气化工程。提高建筑用能中清洁电力消费比例，在城市大型商场、办公楼、酒店、机场航站楼等公共建筑中推广应用空气源热泵、电蓄冷空调等。鼓励建设以"光储直柔"为主要特征的新型建筑电力系统，发展柔性用电建筑。

2022 年 4 月 13 日，《关于印发〈山东省"十四五"绿色建筑与建筑节能发展规划〉的通知》（鲁建节科字〔2022〕4 号）：推广基于直流供电的建筑规划、设计技术，利用分布式光伏、储能技术等，提高建筑用能柔性，构建以"直流建筑＋分布式蓄电＋太阳能光伏＋智能充电桩"为特征的新型建筑电力系统。

2022 年 5 月 18 日，广西壮族自治区委员会自治区政府《关于完整准确全面贯彻新发展理念做好碳达峰碳中和工作的实施意见》：深化可再生能源建筑应用，加快推动建筑用能电气化和低碳化。有序开发屋顶分布式光伏，积极探索分布式光伏发电与微电网、智慧楼宇、光储充一体化等融合发展，鼓励建设集光伏发电、储能、直流配电、柔性用电于一体的"光储直柔"建筑，提升可再生能源用能比例。

2022 年 7 月 8 日，上海市政府印发《上海市碳达峰实施方案》（沪府发〔2022〕7 号）：加快建设新型电力系统、加快优化建筑用能结构，持续推动可再生能源在建筑领域的应用，推动建设集光伏发电、储能、直流配电、柔性用电为一体的"光储直柔"建筑。探索建筑设备智能群控和电力需求侧响应，合理调配用电负荷，推动电力少增容、不增容。

2022 年 7 月 18 日，江西省政府《关于印发〈江西省碳达峰实施方案〉的通知》：大力优化建筑用能结构，深化可再生能源建筑应用，推广光伏发电与建筑一体化应用。提高建筑终端电气化水平，探索建设光伏柔性直流用电建筑。

2022 年 7 月 22 日，吉林省政府《关于印发〈吉林省碳达峰实施方案〉的通知》：优化建筑用能结构。加快可再生能源建筑规模化应用，大力推进光伏发电在城乡建筑中分布式、一体化应用。提高建筑终端电气化水平，建设集光伏发电、储能、直流配电、柔性用电为一体的"光储直柔"建筑。

2022 年 7 月 27 日，内蒙古自治区党委、自治区政府出台《关于完整准确全面贯彻新发展理念做好碳达峰碳中和工作的实施意见》：大力发展节能低碳建筑。提升建筑节能低碳水平，提高新建建筑节能标准，推进近零能耗建筑、低碳建筑规模化发展，加快发展被动式超低能耗、"光储直柔"建筑。

2022 年 8 月 12 日，广东省委省政府《关于完整准确全面贯彻新发展理念推进碳达峰碳中和工作的实施意见》：构建以新能源为主体的新型电力系统，优化建筑用能结构，加快电气化进程，深入推进可再生能源规模化应用，在有条件的地区发展光伏建筑一体化。

2022 年 8 月 21 日，福建省委省政府印发《关于完整准确全面贯彻新发展理念做好碳达峰碳中和工作的实施意见》：加快优化建筑用能结构。推动建筑用能电气化和低碳化，开展建筑屋顶光伏行动，加大"光伏＋"、微电网、风光储一体化、智慧能源等在建筑领域应用推进力度，大幅提高生活热水、炊事等电气化普及率。

2022 年 8 月 22 日，海南省政府印发《海南省碳达峰实施方案》的通知（琼府〔2022〕27 号）：加快推广集光伏发电、储能、智慧用电为一体的新型绿色建筑，探索研究试行"光储直柔"建筑和超低能耗建筑。

本题编写作者：孙冬梅

第9章　怎样设计"光储直柔"系统？

一、适用对象与范围

57. 什么类型的建筑或区域适宜优先推广"光储直柔"系统？

从可再生能源利用的角度看，太阳能光伏系统适宜在太阳能资源较丰富、较稳定区域应用，而且建筑要有大量可利用的闲置屋顶资源。我国太阳能资源除以四川盆地为中心的长江中游太阳能资源量一般（光伏发电年利用小时数低于1000h），其他地区的太阳能资源均较丰富，尤其是青藏高原、三北（西北、华北、东北）及云南大部分地区太阳能资源最丰富（光伏发电年利用小时数超过1400h），其余中东部地区太阳能资源较丰富（光伏发电年利用小时数在1000～1400h）。具有大量屋顶资源的建筑主要有工业厂房、商业建筑、办公建筑、学校建筑及农村住宅建筑。

从建筑负载直流化角度看，"光储直柔"系统宜优先在工商业建筑、办公建筑、学校建筑以及农村住宅建筑中应用。这些建筑中用电设备大部分是直流的，而且对用电安全性或用电可靠性要求较高，"光储直柔"系统可以针对用户需求，在人员经常接触的区域采用48V及以下低压安全直流供电，而且在市政电网断电时依然可以利用光伏、储能资源为建筑供电，保障供电可靠性，适宜优先发展。

从建筑与电网友好互动的角度看，"光储直柔"系统适宜于用电负荷总量大、波动性强、负荷灵活性高、对能源费用敏感的建筑，这些建筑主要是工商业建筑、办公建筑、学校建筑、医院建筑及集中连片的农村住宅建筑。首先，这些建筑用电负荷总量大、波动性较强，具有能源灵活性调节的需求；其次，这些建筑中具有丰富的负荷灵活性资源，如可削减的照明负荷、可转移的用电设备负荷和可调节的空调负荷，同时为保障用电可靠性会配置一定的储能资源（储电、蓄冷、蓄热等），工商业建筑、办公建筑、学校建筑及医院建筑内的停车场按要求需配置不低于10%的电动车充电桩，农村居民拥有大量的电动农机具等，为建筑与电网交互提供了丰富的能源灵活性资源；最后，建筑与电网交互需要具备一定的经济性才能可持续运行，按照当前的储能成本，当电力峰谷价差比大于4:1时，建筑负荷灵活性资源的经济性将会凸显。目前全国31个省市已有12个省市（新疆、北京、广东、深圳、上海、海南、重庆、安徽、湖南、四川、江苏、山西）的峰谷价差比达到了4以上，有些省市的尖峰谷价差比甚至达到了4.2～6.5。如图9-1所示，随着我国分时电价机制的改革和电力交易市场的不断完善，未来峰谷价差将进一步拉大，建筑负荷灵活性资源将成为最具经济性和环境效益的节能减排资源。

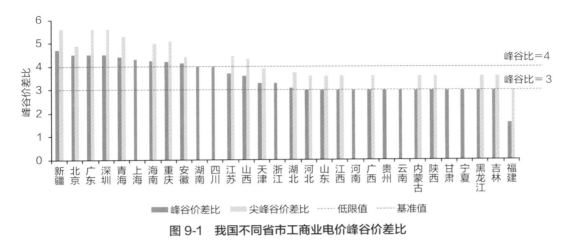

本题编写作者：孙冬梅

58．既有建筑能够改造成为"光储直柔"建筑吗？

从技术的角度分析，既有建筑是能够改造成为"光储直柔"建筑。"光储直柔"系统包括分布式发电、用电设备和配电系统等主要环节，在既有建筑和新建建筑中，所面临的问题和解决方案可能有所不同。

在既有建筑上建设分布式光伏阵列（图 9-2），需要考虑建筑结构强度是否满足要求，按照要求进行强度检测和校核。用电设备和直流配电系统改造是既有建筑"光储直柔"应用的难点，为确保安全，既有建筑中的交流用电设备一般都需要更换（图 9-3），不仅增加了成本，而且短期内直流用电设备品类较少，可能无法完全满足使用要求；既有建筑环境条件更加复杂，重新布置直流配电系统，成本和工程量都会增加。

图 9-2　平面屋顶加装光伏板

图 9-3　成熟的直流照明与空调产品用于既有建筑改造项目

根据前期调研和实践经验，紧密结合分布式光伏发电和电动汽车充电等基础设施建设需求，发挥"光储直柔"技术优势，有助于提升既有建筑"光储直柔"改造的经济效益和应用价值（图9-4）。比如，增加电动汽车充电设施势必会对既有建筑配电容量带来压力，与常规电力增容的做法相比，"光储直柔"系统不仅可以提高分布式光伏发电的利用效率，而且通过电动汽车充电功率的有序调度和柔性调节，还能显著减小增容压力和购电成本，同时减少光伏发电对电网的影响；与此同时，直流配电系统只需连接光伏发电和充电设施，可以与既有建筑配电相对独立，避免终端用电设备直流化障碍，成本因此可以大大降低。现阶段，这种针对既有建筑改造中增量部分进行"光储直柔"应用的做法，可以较好地兼顾产品成熟度、技术价值和商业效益的要求，更容易被用户所接受。

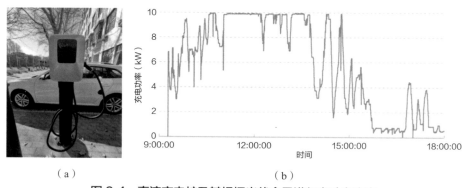

（a）　　　　　　　　　　　　（b）

图 9-4　直流充电桩及其根据光伏余量进行电动车充电

（a）直流充电桩；（b）根据光伏余量进行电动车充电

本题编写作者：童亦斌

二、系统设计的总体原则

59. "光储直柔"系统设计的基本原则？

（1）光伏配置原则

目前，分布式光伏系统成本已降低到 3.74 元 /W 以下，以等效利用小时数 1000 测算，平准化电力成本为 0.33 元 /kWh，与同期工商业平均电价相比，具备良好的经济性。但屋顶租金占总系统成本的比例也逐步上升，产权清晰、结构安全、日照良好的建筑屋顶正逐步成为稀缺的空间资源。因此，对于光伏发电系统安装容量和安装形式的设计，需综合考虑技术经济性。《民用建筑直流配电设计标准》T/CABEE 030—2022 第 4.1.3 条规定：屋顶光伏系统的安装容量、朝向、倾角与间距应根据安全、美观、负荷时间规律和投资收益等因素进行确定；立面光伏系统应结合建筑风貌要求，根据采光和遮阳等建筑热工因素、发电效率以及经济性，进行一体化设计。

屋顶光伏系统的设计应以应装尽装为原则，充分利用好建筑第五立面。有关光伏安装朝向和倾角的确定请参见问题 65。

（2）储能配置原则

电化学储能在建筑电气领域已经有广泛的应用，例如应急电源（EPS）和不间断电源（UPS）等。在"光储直柔"系统中，电化学储能不仅可以实现系统离网孤岛运行，更重要的作用是通过改善系统负荷调节性能，达到提高光伏发电消纳能力、平抑负荷波动和提高电网需求响应能力等目的，是提高建筑负荷整体柔性的重要手段，电化学储能容量配置方法和控制策略，因此与应急电源和不间断电源都有很大差异。建筑分布式储能的设计是为了满足日内调峰需求，因此，建筑储能的容量宜根据建筑整体用电柔度，结合用电负荷、建筑光伏发电量以及建筑电力交互（GIB）需求，按日平衡原则进行计算。储能容量的计算宜从以下两个角度考虑，一是当建筑分布式光伏发电量大于用户用电量时，多余电量需要进行储存，以二者差值作为储能容量设计依据；二是考虑电网交互能力，建筑分布式储能容量会减小市电功率曲线与目标市电功率曲线的残差平方和，市电目标功率可根据电网需求和用户参与需求响应的意愿确定。当残差平方和减小到零，即计算市电功率曲线与目标市电功率曲线重叠时，计算得到储能容量为储能设计容量。在城市中，通常建筑分布式光伏的发电量小于用户用电量，设计时更多从第二个角度考虑。

储能容量 $E=$ 充放电功率 $P \times$ 持续时间 T，储能容量和充放电功率之间的关系可以用充放电倍率 $C=P/E$ 来衡量，并可以分为功率模式和能量模式两种基本形式：功率模式充放电倍率更大（一般大于 1），充放电功率和电流更大，相同容量下，充放电持续时间较短，常用于平抑功率波动和短时应急供电等场合；能量模式充放电倍率较小，充放电功率相比功率型模式小，但持续时间更长，以吞吐电量作为主要控制目标，常用于负荷迁移、光伏消纳和长时后备供电等场合。

（3）市政电源容量配置

负荷计算是进行供配电系统电源容量设计与运行策略优化的基础。由于接入了本地可再生能源和储能等分布式电源，直流配电系统中能量的流动不只是从电网到负荷单向流动，而是在市政电网、分布式电源和负载之间流动，建筑与电网的关系也从单向供电，转换成了双向互动，因此更强调逐时负荷与分布式可再生电源发电曲线的匹配。《民用建筑直流配电设计标准》T/CABEE 030—2022 第 3.0.2 条明确"直流电气设计应以实现电力交互为目标，做到建筑分布式光伏、建筑分布式储能、城市电网和负荷之间的动态平衡"；对直流配电系统的设计，标准条文 4.2.3 要求计算用户逐时负荷和建筑分布式光伏逐时出力，以便实现各类电源和负荷的合理容量配置，如图 9-5 所示。

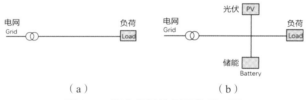

图 9-5　配电设计能量平衡关系图

（a）二者关系；（b）四者关系

因此，市政电源容量配置，即交直流变换器的容量，基于用户逐时负荷、建筑分布式储能容量与功率。市电容量优化目标是使计算市电功率曲线与目标市电功率曲线的残差平方和最小。

本题编写作者：孙冬梅

60. 储能和光伏及可调节负载之间的柔性调配原则？

"光储直柔"系统中的"柔"指的是柔性用电，也是建筑"光储直柔"新型配电系统的最终目的。随着建筑光伏、储能系统、智能可调节电器等融入建筑直流配电系统，建筑不再是传统意义上的用电负载，而是成为兼具用电、发电和调蓄功能三位一体参与电力系统。通过设计合理的控制策略，可以将该类建筑作为电网中的一个柔性用电节点，在保证建筑正常运行的前提下，建筑从电网的取电量可响应电网的调度指令在较大的范围内进行调节，在外界电力供应紧张时，自动降低取电量；在外界电力供应充裕时，自动提高取电量。发展柔性用电技术，对于解决当下电力负荷峰值突出问题以及未来用户侧用电与高比例可再生能源发电相匹配的问题均具有重要意义。

如图 9-6 所示，对于储能、光伏和可调节负载的柔性调配可根据用户侧经济性、电网稳定性、建筑新能源消纳率、建筑负荷绿电供给率等指标确定调配方式，以不同目标情景为例，进行调配方式分析：

（1）当建筑主要关注新能源消纳率时，与电网侧互动完全自由时，三者调节先后顺序为可调节负载、储能、光伏，即当系统电力充沛时，首先调节负载，增大其用电功率，其次将富余电力给储能充电，而后对电网返还电力，若超过返电功率限制，则需要调整光伏工作模式，进行弃光操作；反之电力不足时，首先降低可调节负载功率，其次储能放电维持系统平衡，若超过储能放电功率限值，则需从电网取电。

（2）为了提高建筑用电负荷中来自建筑光伏绿电比例，当系统中光伏功率超出负载功率时，应该优先利用储能将富余电力储存备用，其次通过末端可调节负载响应，减少建筑和电网的交互，当系统光伏功率较低或夜间无光伏条件时，系统可在保持末端负载正常工作的前提下，降低负载功率，不足电力可由储能将白天或光伏充足时储存的电能释放，供给负载用电。

（3）与电网良好互动，根据电网期望消费负荷曲线运行的建筑，当建筑耗电需求功率超过预期参考功率时，优先降低可调节负载功率；其次储能放电供给系统，当储能放电功率超过限值时，则需违约多从电网取电，当建筑需求功率低于参考功率时，依次进行升高可调节负载功率，储能充电、光伏弃光等操作，若需求功率依然低于参考功率，则需违约降低电网取电功率。

（4）对于未来光伏建筑的发展，用户侧经济性也是一项重要的衡量指标，尤其是对于全年光伏发电量低于负荷用电的建筑，日常运行中需从电网获取电力，无论是在当下多数地区应用的"峰谷电价""分时电价"模式下，还是未来高新能源比例下电网的动态电价模式下，从经济侧角度出发，储能更倾向于在电网低电价区间储存电力，在电网高电价期间释放电能，减少建筑从外电网购买电力成本，倾向于将建筑负荷在调整至低电价期间运行，减少高电价时段建筑用电负荷，进而实现运营经济性目标。

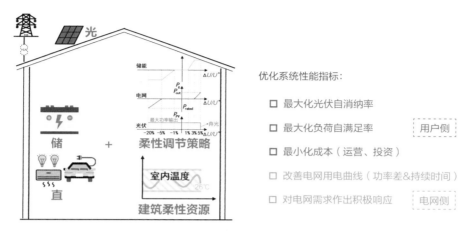

图 9-6　柔性调节目标及作用

本题编写作者：刘晓华

61. "光储直柔"系统设计会使用到哪些软件？

"光储直柔"系统设计通常会用到 Design Builder（建筑能耗模拟、采光模拟）、System Advisor Model（光伏设计）、PVsyst（光伏设计）、Matlab（储能容量配置）、天正电气（施工图纸设计）和光储直柔（PEDF）计算工具（全程辅助设计）等软件。

（1）Design Builder（图 9-7）是一款针对建筑能耗动态模拟程序（Energy Plus）开发的综合用户图形界面模拟软件。它可以应用在设计过程中的任何阶段，通过提供性能数据来优化设计和评估，甚至在设计初期整个方案还未确定时就可以开展。可利用逐时气象数据计算模拟建筑物在实际条件下的能耗运作情况，从而获得建筑逐时负荷需求，作为"光储直柔"系统能量平衡方程的重要依据。

图 9-7　Design Builder 软件

（2）System Advisor Model 软件（图 9-8）是美国 Sandia 实验室、NERAL 和美国能

源部联合开发的针对光伏等可再生能源发电技术的特性和成本进行测算的软件。通过导入所需测算地点的天气参数、系统类型、系统规模、系统盈利模式及系统投资，即可得到系统的逐时发电量及均化发电成本，对光伏系统测算起到非常重要的作用。缺点是目前只有英文版本。

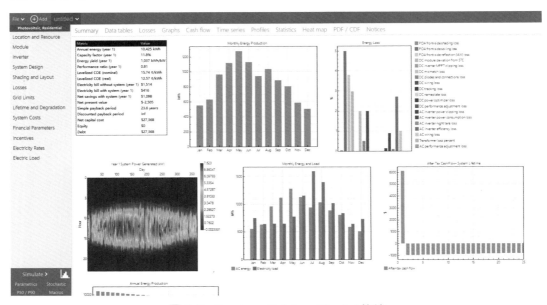

图 9-8　System Advisor Model 软件

（3）PVsyst（图 9-9）是目前光伏系统设计领域比较常用的软件之一，用于指导光伏系统设计及对光伏系统发电量进行模拟计算。它能够完整地对光伏发电系统进行研究、设计和数据分析，是"光储直柔"系统设计使用的重要软件之一。

图 9-9　PVsyst 软件

（4）Matlab（图 9-10）是美国 Math Works 公司出品的商业数学软件，用于数据分析、无线通信等领域。它在数学类科技应用软件中的数值计算方面首屈一指。"光储直柔"系统设计阶段的重要步骤之一是能源平衡与负荷调节，通过分析建筑用电负荷与绿色电力发电的匹配性，综合考虑建筑负荷的可调节特性，优化建筑的供用电负荷形态，建立数学模型，通过 Matlab 模拟计算，最终确定变换器的设计容量和储能电池的设计容量。

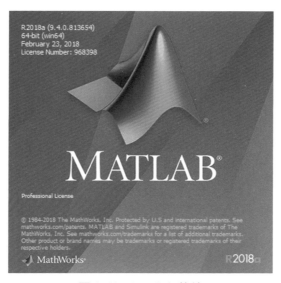

图 9-10　Matlab 软件

（5）天正电气（图 9-11）是我国在 AutoCAD 基础上进行二次开发而成，专为电气行业工作人员打造的高效设计软件，可方便、快速地绘制直流配电系统、直流照明系统和直流配电箱系统。该软件体现了功能系统性和操作灵活性的完美结合，最大限度地贴近工程设计，是"光储直柔"系统设计施工图绘制阶段不可或缺的软件。

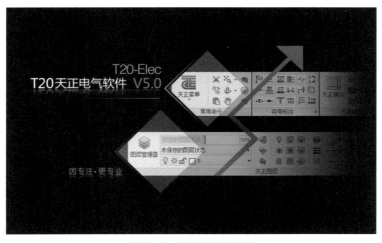

图 9-11　天正电气软件

（6）"光储直柔"（PEDF）计算工具是一款自主研发的工程设计辅助软件，其目的是帮助相关从业者对"光储直柔"系统进行关键设备容量配置并分析系统运行效果与性能（图9-12）。在项目建设前期，设计师、业主、技术人员可以通过该软件进行系统建模、仿真计算、多目标运行优化。最终获得配置方案及运行特性，并可视化展示运行仿真结果，从而支撑"光储直柔"项目的方案设计与决策。

图9-12 "光储直柔"计算工具

为了使从业者更方便使用，计算工具开发了微信小程序版本以及网页版，能随时对"光储直柔"工程项目进行设计计算。该软件利用城市电网、建筑光伏、建筑储能和用电负荷四者8760h能量动态平衡构建系统数学模型，并且采用多目标寻优方程对设备容量进行优化求解。在光伏安装容量、储能容量、直流配电变换器的选择、柔性用电可调节负荷等方面为"光储直柔"系统设计提供参考（图9-13）。同时也能对项目经济性、节能及运行特性能进行分析，作为项目投资的依据。

图9-13 "光储直柔"（PEDF）计算工具计算结果

三、光伏系统设计

62. 采用了"光储直柔"技术，光伏发电是否还要采用自发自用余电上网的方式？

　　"光储直柔"系统的典型架构如图 9-14 所示，电网经 AC/DC 转换器转换为直流后，为系统提供直流母线，光伏、储能以及各类负载与该直流母线相连接。在该典型拓扑结构下，AC/DC 转换器有以下几种工作模式：

　　（1）恒直流母线控制，AC/DC 转换器输出恒定的直流母线电压。

　　（2）P/Q 控制，即有功 / 无功控制，此时直流母线电压由储能系统来支撑，AC/DC 模块与电网进行交互，实现有功和无功功率控制。

　　（3）V/F 控制模式，该模式下，系统与电网断开，相当于一个离网系统，AC/DC 输出固定电压和频率的交流电，此时可以将光伏功率逆变为交流供交流负载使用。

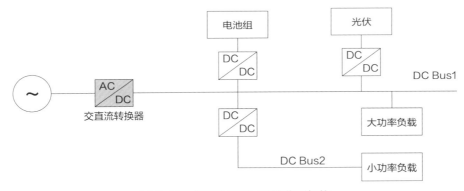

图 9-14　"光储直柔"系统典型架构

　　因此，AC/DC 具有下列两种形式：

　　（1）单向类型，使用该类型的 AC/DC 转换器，功率只能从电网向直流母线流动，也就是说此时光伏的功率不能向电网回馈。

　　（2）双向类型，使用该类型的 AC/DC 转换器，功率可以从电网向直流母线流动，也可以从直流母线向电网流动，亦即采用这种类型的 AC/DC 转换器可以实现余电上网功能。

　　由以上分析可知，"光储直柔"系统在 AC/DC 转换器选取合适的情况下，是可以实现余电上网功能的。当光伏功率大于负载功率且储能电池已经存满时，为了不浪费可再生能源，可以将多余的电能逆变返送到电网，实现可再生能源的最大化利用。同时，当多个建筑（"光储直柔"系统）之间进行功率交互时，此时"光储直柔"的工作状态类似余电上网，但是更多的是多个建筑之间的主动调节。上述情况是多个建筑之间采用交流进行连接时的情况，当多个建筑或建筑群之间采用直流连接时，此时没有当前交流意义上的余电上网情况，但是通过直流型式进行功率交互，也可以认为是直流形式的余电上网，如图 9-15 所示。

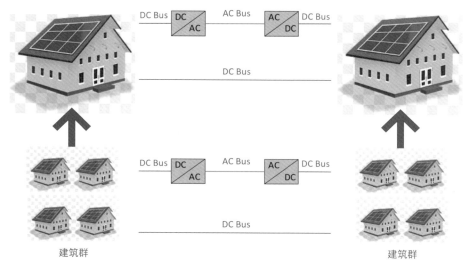

图 9-15　交互示意图

虽然从表面上看，"光储直柔"系统在有条件的情况下（特别是光伏能源远大于负荷的情况下）也可以实现自发自用余电上网功能，但其与传统意义上分布式光伏的自发自用余电上网有所不同，主要体现在：

（1）本质不同，分布式光伏是当光伏大于负荷时就自动将余电上网，而"光储直柔"系统因其有储能环节，需根据储能当前的状态和控制策略，决定是否将余电上网。

（2）"光储直柔"系统的特点在于柔性控制，与电网存在主动式的柔性交互，可以根据电网需求，实现馈送余电，不馈送余电甚至通过储能主动增大电网负荷，是一种电网友好型调节技术，可以深度参与电网调节。

（3）"光储直柔"系统可以在最大节能的基础上实现经济性能最优化，系统根据实时电价信息，主动进行用能调节，可以深度参与电力交易或者根据碳交易信息最大限度的为用户降低用能成本。

本题编写作者：侯院军

63. 城市中屋顶面积有限，安装光伏能起到多大作用？

如图 9-16 所示，从全国范围看，我国城乡可用的屋顶折合水平表面面积为 412 亿 m^2，城镇空闲屋顶可安装光伏发电容量 8.3 亿 kW，年发电量 1.23 万亿 kWh；农村空闲屋顶可安装光伏发电容量 19.7 亿 kW，年发电量 2.95 万亿 kWh，总计潜在年发电量 4.2 万亿 kWh，超过我国规划的未来光伏发电总量的 70%。因此，城乡建筑屋顶光伏具有广阔的发展潜力，也是未来大规模发展光伏发电的主要方向。

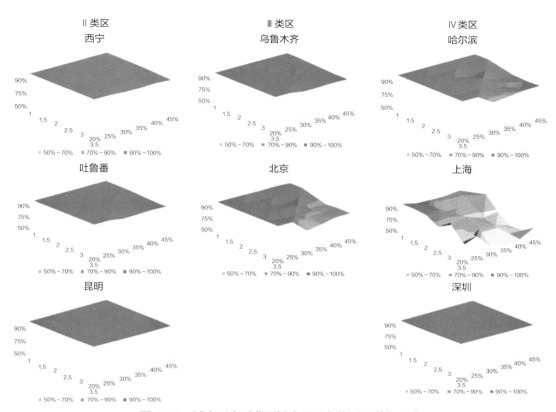

图 9-16　城市形态对典型城市屋顶光伏利用潜力影响

从城市片区的范围来看，在高密度、高开发强度的城市环境中，建筑物之间的相互遮挡确实会导致部分屋面受到阴影长期遮挡，从经济性方面考虑不适合安装光伏。但不同纬度、不同太阳能资源区域内受遮挡影响的程度不同。根据我国 12 个典型城市的模拟分析可知，对于太阳辐射超过 1600kWh/（$m^2 \cdot$ a）的一级和二级太阳气候区的城市，建筑之间的相互遮挡对光伏经济安装率的影响一般在 5% 以内。从城市或区级规划的角度来看，这种程度的负面影响是完全可以容忍的，不会影响整体屋顶光伏装机容量。然而，对于年太阳辐射在 1200～1500kWh/（$m^2 \cdot$ a）范围内的其他三、四类太阳能资源区城市，遮挡的负面影响是不容忽视的，尤其是对于位于高纬度地区的城市。当建筑覆盖率为 0.45、楼层面积比为 4.0 时，建筑之间相互遮挡最大影响高达 55%。此外，还可以通过减少建筑之间的高度差来减轻遮阳效果的负面影响。以上海为例，在相同的建筑容积率和建筑覆盖率下，均匀分布的建筑高度情况下，适合光伏安装的屋顶面积比随机分布的屋顶面积高出近 25%。

通常认为，城市环境中的分布式光伏只能提供很小一部分的能源需求，因为密集的城市建筑屋顶面积有限，但能源需求很高。通过对深圳的案例研究，我们发现分布式屋顶光伏可以提供城市能源需求的很大一部分，而高密度城市形式在太阳能自用方面是有利的。当建筑容积率为 2.5 时，不同地区类型和建筑覆盖率的屋顶光伏自给率可以达到 12.6%～18.5%，这意味着这部分城市能源需求直接由太阳能供应。对于其他建筑容积率比较低的情况，自给自足率甚至可能更高。

同时，高密度城市形态在太阳能自用方面是有利的。如图 9-17 所示，对于商业和办公类片区，当建筑容积率为 2.5 时，不同建筑密度的区域光伏自用率可达到 77.9%～92.5%，即使容积率为 1.0，其自用率仍可以达到 71.3% 以上。这意味着大部分太阳能发电都是在当地消耗的，这使得分布式光伏系统在城市能源从化石能源向可再生能源的转化中发挥了重要作用。

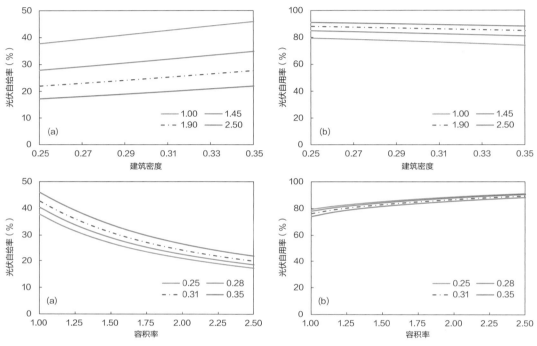

图 9-17　城市形态对办公型区域的光伏自给率和自用率影响

本题编写作者：李雨桐

64. BIPV 的应用场景及可选的组件类型有哪些？BIPV 系统比 BAPV 系统的投资成本高多少？

BIPV（Building Integrated Photovoltaic）即"光伏建筑一体化"，是将太阳能光伏组件集成到建筑上的技术，也称为"构件型"或"建材型"太阳能光伏。BIPV 既具有发电功能，又具有建筑构件或建筑材料的功能，甚至还可以提升建筑物的美感，与建筑物形成完美的统一体。

BAPV（Building Attached Photovoltaic）即"建筑附着光伏"，是将太阳能光伏组件附着在建筑上的技术，也称为"安装型"太阳能光伏。BAPV 的主要功能是发电，与建筑功能不发生冲突，建筑物作为光伏组件支承的载体。

BIPV 系统的组件主要有以下几种类型：屋顶式、阳台式、幕墙式、遮阳式、墙壁式，如图 9-18 所示。组件的主要应用场景可分为建筑屋顶、建筑幕墙、电站车棚。屋顶 BIPV 结构包括：平板瓦片系统，光伏组件，防水层，通风层以及其他机械设计模块，如图 9-19 所示。幕墙 BIPV 结构包括：玻璃片，胶膜，电池片，胶膜，玻璃片，如图 9-20 所示。

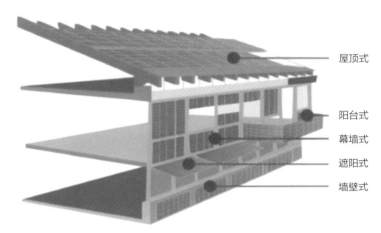

图 9-18　光伏建筑一体化类型及应用场景

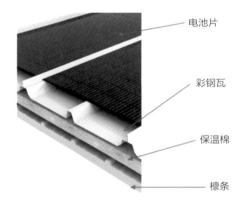

图 9-19　屋顶光伏组件

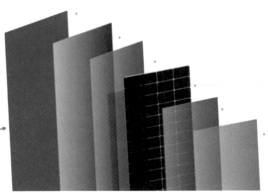

图 9-20　光伏幕墙组件

BIPV 产品市场主要有两大阵营，第一是晶硅产品，金属屋面一体化结合的方式，是光伏企业和金属屋面企业合作；第二是薄膜产品，是和幕墙企业合作，做建材发电玻璃一体化 BIPV。可以预见，在未来 BIPV 新增 50GW 里面，超过 90% 还是晶硅市场，但薄膜技术也会发展越来越快。

传统的晶硅组件造价已下降到 2 元 /W 以下，最低可达到 1.6 元 /W 甚至更低。如果是简单的 BAPV 结果，价格就是市场的光伏组件价格，而对于光伏建筑一体化组件或者光伏类建材其成本会高很多。其中屋顶光伏组件由于相比普通组件增加了作为屋顶建材的彩钢瓦和支撑的檩条，成本在普通组件的基础上增加了 0.5～0.6 元 /W 左右。光伏幕墙组件通常出于美观性的需要做成彩色或半透明，成本相对于普通组件增加了 20%～50%。在系统方面，传统的在屋顶直接安装光伏平均报价为 4 元 /W，其中，太阳能电池组件采用普通的单晶硅 1.6 元 /W，逆变器价格在 0.1～0.25 元 /W，支架系统平均 0.4 元 /W，其他成本在 1.8 元 /W；而采用光伏建筑一体化组件，组件成本增加了 0.6 元左右，但减少了支架系统的成本（-0.4 元 /W），也减少了建材成本（屋顶彩钢瓦，0.2 元 /W），成本增量在 -0.4～0.4 元之间，同时采用一体化组件，其设计寿命为 25 年，且通过了防火、防雷和机械载荷测试，显著高于普通的屋顶彩钢瓦的 10 年寿命，具有显著优势。因此，综合来看，在单个组件方面，光伏建筑一体化组件成本相比普通组件成本要高，但是从系统来看则具有寿命长，稳定性强等优势。同时，随着安装体量的增加，BIPV 的成本还会有较大下降空间。

本题编写作者：马涛

65. 光伏系统安装朝向、倾角如何选择？采用水平安装，还是最佳倾角安装更好？

（1）倾角与负荷的关系

光伏组件的发电量与太阳辐射强度、太阳辐射光谱、环境温度、光伏组件温度系数等因素有关。当光伏组件的方位角和倾斜角不同时，单位面积光伏组件接收到的太阳辐射量不同，因此发电量也会有变化，如图 9-21 所示。

当光伏组件安装倾角不同时，不仅年度发电总量不同，而且每个月份的发电量分布也不同。光伏组件水平安装时，夏季发电量较大，冬季发电量较小；以最佳倾斜角安装时，光伏组件全年发电量最大，且各月发电量较为平均；竖直安装时，光伏组件夏季发电量较小，而冬季发电量较大。由于我国位于北半球，夏季太阳高度角较高，因此水平面太阳辐射强度高，而竖直面太阳辐射强度低；冬季太阳高度角较低，因此水平面太阳辐射强度低，而竖直面太阳辐射强度高。以北京和广州为例，当光伏组件水平安装、南向最佳倾斜角安装和南向竖直安装时，光伏组件逐月发电量如图 9-22 所示。考虑到我国南方地区夏季空调负荷较大，北方地区冬季采暖负荷较大，可以因地制宜根据负荷需求采用不同的安装方式，在尽可能实现光伏系统全年发电量最大的同时兼顾光伏系统每月发电量与负荷需求的匹配性。

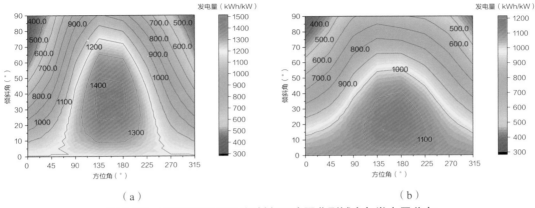

图 9-21　不同朝向和不同倾斜角下我国典型城市年发电量分布

（a）北京市光伏板年发电量；（b）广州市光伏板年发电量

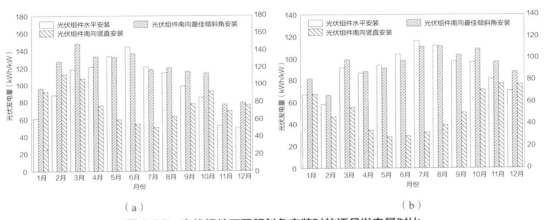

图 9-22　光伏组件不同倾斜角安装时的逐月发电量对比

（a）北京市光伏板逐月发电量；（b）广州市光伏板逐月发电量

（2）单位可利用面积收益最大与单位投资收益最大的区别

虽然光伏组件以最佳倾斜角安装时单位功率的发电量最高，然而以最佳倾斜角安装也会对后排光伏组件造成阴影遮挡。光伏阵列的布置非常重要，阵列间的距离对光伏组件的输出功率和转换效率有很大影响，光伏阵列前后排间距 D 的一般确定原则为确保冬至日当天 9:00 至下午 3:00，后排光伏阵列不应被前排组件遮挡。图 9-23 所示为太阳能光伏阵列前后排间距计算示意图。

将光伏组件的占地面积与光伏组件面积的比值定义为占地率，某一纬度地区光伏阵列的占地率与倾斜角有关。在同一城市，随着倾斜角升高，光伏组件占地率先升高后降低，如图 9-24 所示。城市纬度越高，占地率随着倾斜角升高越快。

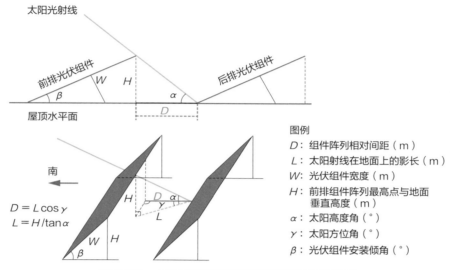

图 9-23 太阳能光伏阵列前后排间距计算示意图

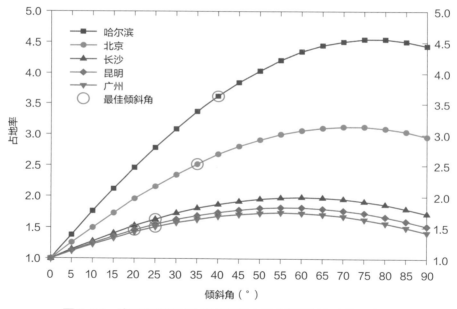

图 9-24 我国代表性城市光伏组件占地率随倾斜角变化示意图

考虑到组件间距，以最佳倾斜角安装时单位屋顶面积发电量比水平安装光伏组件时的单位屋顶面积发电量低。因此，采用最佳倾斜角安装光伏组件和采用水平安装光伏组件可以产生不同的经济效益。当屋顶面积比较紧缺，并且对初投资不敏感，但是对光伏发电量占比有要求时，可以采用水平安装光伏组件，最大化利用占地面积，从而实现单位占地面积光伏发电量最大。而当屋顶面积充裕并且对投资性价比要求高时，可以采用最佳倾斜角安装光伏组件，虽然单位屋顶面积光伏发电量较低，但是单位面积光伏组件的发电量相比其他安装方式要高，投资收益最大。

此外，设计时应同步考虑美观性。在实际项目中，还可以选择以介于最佳倾斜角和水平之间的某个角度进行安装，以追求包括光伏系统初投资和屋顶租金在内的综合效益最大化。

66. 光伏优化器适合在什么类型光伏项目中采用？能够提高多少发电效率？

光伏优化器核心是一个组件级 MPPT，如图 9-25 所示。用户可根据光伏系统的实际运行状况，选用不同类型的组件级 MPPT，来解决因阴影遮挡、组件朝向差异或组件衰减不一致所造成的光伏系统发电量降低的问题，实现单块组件的最大功率输出和实时监控，通过特定算法提升系统的效率，同时具备故障定位、直流电弧监测、组件级远程关断等智能化功能，如图 9-26 所示。

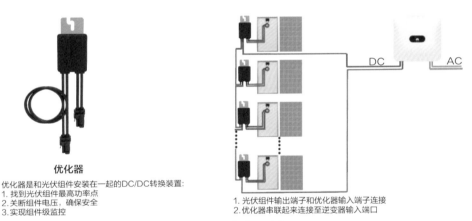

优化器

优化器是和光伏组件安装在一起的DC/DC转换装置：
1. 找到光伏组件最高功率点
2. 关断组件电压，确保安全
3. 实现组件级监控

1. 光伏组件输出端子和优化器输入端子连接
2. 优化器串联起来连接至逆变器输入端口

图 9-25　优化器介绍

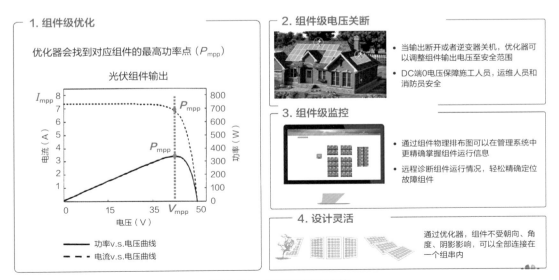

1. 组件级优化

优化器会找到对应组件的最高功率点（P_{mpp}）

光伏组件输出

2. 组件级电压关断

- 当输出断开或者逆变器关机，优化器可以调整组件输出电压至安全范围
- DC端0电压保障施工人员，运维人员和消防员安全

3. 组件级监控

- 通过组件物理排布图可以在管理系统中更精确掌握组件运行信息
- 远程诊断组件运行情况，轻松精确定位故障组件

4. 设计灵活

通过优化器，组件不受朝向、角度、阴影影响，可以全部连接在一个组串内

图 9-26　优化器基本功能

具体应用场景有户用、工商业等分布式光伏屋顶以及 BIPV 光伏幕墙。

光伏优化器对发电效率的提升有两个方面：

（1）实现对光伏屋顶、光伏幕墙的应铺尽铺，实现不挑屋顶、不挑朝向，后面的举例 1（图 9-27）和举例 2（图 9-28）中、装机容量分别提升了 75%、10%，发电量提升 80%、27%。

（2）在障碍物或阴影遮挡的情况下，光伏优化器利用特定的算法实现系统的效率最优。在举例 3（图 9-29）的典型模拟计算中，一个组串额定功率 2820W，其中一个光伏板被树叶遮挡，无优化器的情况下、系统功率降低为 2564W，全配优化器的情况下、系统功率为 2691W，全配优化器比无优化器情况提升了 5%。

光伏组件差异分析见表 9-1。

组件差异分析表   表 9-1

	普通组件（无优化器）	智能组件（有优化器）	系统收益差异
系统大小	13.68kW	24kW	10.7kW（＋78%）
首年发电量	14768kWh/ 年	26517kWh/ 年	11749kWh/ 年
首年发电收益	10781 元	19358 元	＋8577 元
系统总投资	47880 元	100800 元	＋52920 元
净现值	131366 元	231870 元	＋100504 元

例 1：智能组件，设计灵活，多装多发，充分利用屋顶面积

图 9-27   布局示意图

（1）屋顶建筑造成阴影，为了防止短木板效应影响发电，阴影区域无法安装组件，每块组件进行独立最优发电，阴影区域也可安装，不影响组串其余组件发电量。

（2）逆变器两路 MPPT，只能安装两个朝向，优化器可将不同朝向组件连接至同一组串内，系统设计极简，多装多发电。

例 2：智能组件，实现组件级优化，最高可提升约 27% 发电。

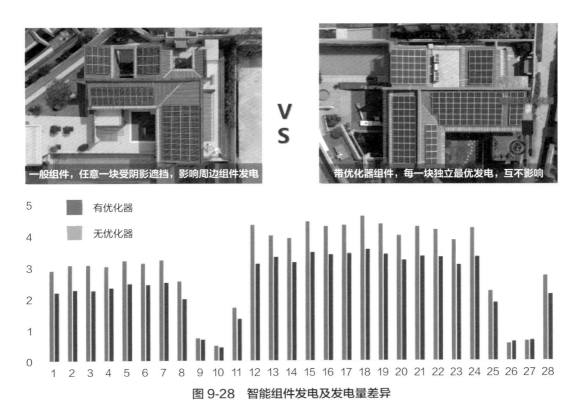

图 9-28　智能组件发电及发电量差异

例 3：无优化器存在失配带来的组件功率损失，全配优化器组件级 MPPT，减少失配带来的功率损失。

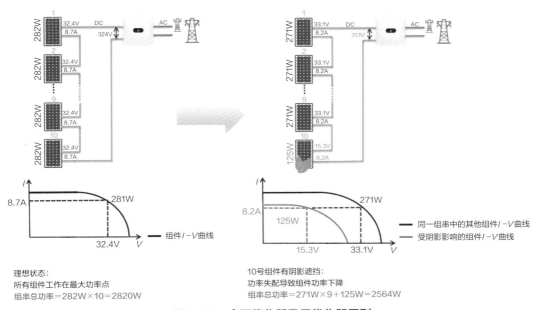

图 9-29　全配优化器及无优化器区别

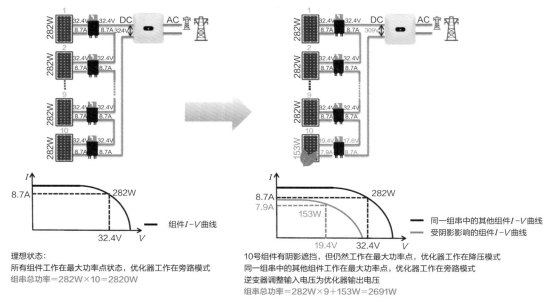

理想状态：
所有组件工作在最大功率点状态，优化器工作在旁路模式
组串总功率＝282W×10＝2820W

10号组件有阴影遮挡，但仍然工作在最大功率点，优化器工作在降压模式
同一组串中的其他组件工作在最大功率点，优化器工作在旁路模式
逆变器调整输入电压为优化器输出电压
组串总功率＝282W×9＋153W＝2691W

图 9-29　全配优化器及无优化器区别（续）

本题编写作者：陈德全

四、储能系统设计

67. 建筑中适合采用哪种类型的储能电池？

　　储能的形式多样，按照储能的能量形式区分，可以分为机械储能、电化学储能（电池储能）和电磁储能，不同类型的储能形式，能量密度、经济性、安全性和应用场景等方面都有较大区别，详见表 9-2。

储能形式分析　　　　　　　　　　　　　　　　表 9-2

储能形式	分类		优点	缺点
机械储能	抽水蓄能		技术成熟、规模大	依赖于地质条件、效率低
	压缩空气		技术成熟、能量密度高	依赖一定的地质条件、效率低
	飞轮储能		寿命长、瞬时功率大、响应速度快	容量小、自放电率高
电化学储能（电池储能）	铅酸电池		技术成熟、应用广泛、成本低廉	能量密度偏低、循环寿命偏低
	锂电池	磷酸铁锂	锂电池系列里能量密度适中、寿命适中	锂电池系列里安全性适中
		三元锂	锂电池系列里能量密度高、寿命适中	锂电池系列里安全性低
		钛酸锂	锂电池系列里循环寿命长、安全性高	锂电池系列里能量密度低、价格高

续表

储能形式	分类	优点	缺点
电化学储能（电池储能）	液流电池	技术成熟、循环寿命长	能量密度低
	钠硫电池	能量密度高、效率高	高温溶解，安全性低
电磁储能	超级电容	功率密度高、寿命长	容量小
	超导磁	功率密度高、寿命长	发展不成熟

与电力系统中储能电池的选择有所区别，在建筑中储能电池应用时应该更多地考虑安全性和便捷性，其次再考虑经济性。目前来看铅酸电池、磷酸铁锂电池、钛酸锂电池等是建筑中储能电池比较合适的选择，但是在具体选型时还是需要从能量密度、循环寿命、安全性等多方面综合考虑。

铅酸电池虽然能量密度和循环寿命都偏低，且由于含铅及铅酸液等物质，有一定的污染性，但是技术成熟、应用广泛，成本也比较低，尤其是已经有 UPS、直流屏等多年成熟的应用经验，在建筑内应用还是有一定的市场空间。

锂电池能量密度和功率密度都比较高，是比较理想的能量存储介质，尤其是近年来随着电动汽车的快速发展，锂电池价格也在快速下降。因此越来越多的应用场景中选择利用锂电池作为储能电池。不同类型的锂电池能量密度、循环寿命和安全性等也不尽相同，需要结合应用场景需求和不同锂电池特点进行选择。目前行业内普遍认为磷酸铁锂电池和钛酸锂电池比较适宜用作储能电池，三元锂电池在多种场合则排除在了可选之外。

本题编写作者：梁建钢

68. 建筑储能系统容量如何配置？

由于可再生能源的间歇性与不可控性，造成了可再生能源发电与用电之间的错配。随着可再生能源渗透率的不断扩大，错配问题将加剧，错配可分为短期、中期、长期的不同时间尺度。短期主要表现在日内不匹配。比如光伏在白天显著大于用电，而夜间没有电力输出，即使保证一天内的风光电总发电量等于用电量，也会出现小时性的不同。长期主要为季节性的不匹配。由于每月的可再生能源发电量与用电不同，出现了某些月份缺电的情况。目前建筑的储能设备多用于解决日内不匹配的问题。图 9-30 所示为日内的可再生能源发电曲线，日发电量等于建筑日用电量，但由于发电量与用电量在各个时刻并不完全匹配。图中黄色区域面积即为所需的储能容量。

依靠蓄电池方式实现能源 / 零碳电力系统的调蓄，需要投入很大的成本，这就需要经济合理、可负担的调蓄方式。储能 / 蓄能可不再局限于传统的化学电池、压缩空气、储氢等方式，而是从建筑整体、建筑内部可利用、可调度的资源来重新认识建筑领域的蓄能手段和相应的储蓄能力。从建筑侧来看，建筑内可利用的各类具有储能 / 蓄能能力的设备、设施都可以作为"光储直柔"系统中的储能资源。建筑中可利用的储能／蓄能方式如图 9-31 所示。其中建筑本体围护结构可发挥一定的冷热量蓄存作用，与暖通空调系统特征相关联后可作为重要的建筑储能／蓄能资源；水蓄冷、冰蓄冷等是建筑空调系统中常见的可实现电力移峰填谷的技术手段，在很多建筑中已得到应用。除了上述暖通空调领域常见的可利用蓄能资源外，建筑中可发挥蓄能作用的至少还包括电动车和各类设备电器。电动汽车作为一种重要的蓄电池资源，可发挥对建筑能源系统进行有效调蓄的重要作用，电动汽车也将有望成为实现交通－建筑－电力协同互动的重要载体。

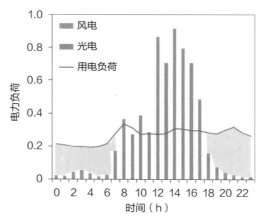

图 9-30　可再生能源与发电的错配问题

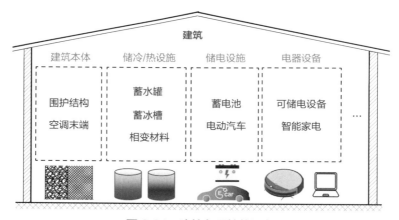

图 9-31　建筑各项储能设备

本题编写作者：刘晓华

69. 民用建筑中储电设施建设在室内还是室外？地下室可以安装吗？……●

《民用建筑直流配电设计标准》T/CABEE 030—2022 第 5.2.1 条规定，建筑储能布置应符合现行国家标准《建筑设计防火规范》GB 50016、《电化学储能电站设计规范》GB 51048 和《汽车库、修车库、停车场设计防火规范》GB 50067 的规定。2022 年 4 月 1 日实施的北京市地方标准《电力储能系统建设运行规范》DB11/T 1893—2021 也对储能系统的设计建设等做出了规定。图 9-32 为规范封面。

图 9-32　规范封面

关于电化学储能系统的建设方面，目前参考标准有《电化学储能电站设计规范》GB 51048—2014 和《电力储能系统建设运行规范》DB11/T 1893—2021。其中《电化学储能电站设计规范》GB 51048—2014 第 4.0.2 条规定大中型储能电站应独立布置，小型储能电站宜独立布置。《电力储能系统建设运行规范》DB11/T 1893—2021 第 4.3.2 条规定储能电站的站址选择应远离住宅、学校、医院、办公楼、工厂等有公众居住、工作或学习的建筑物；第 4.3.3 条规定火灾危险性为甲、乙类的储能系统应独立设置，不应设置在人员密集场所、高层建筑、地下建筑和易燃易爆场所；第 4.3.4 条规定火灾危险性为丁、戊类的储能系统宜独立设置，不应与民用建筑合建。虽然说民用建筑中储电设施无论从规模还是应用目的来看，很难等效为是一个储能电站，但是从这两个标准相关内容来分析，目前可参考的这两个标准都不支持储电设施布置在民用建筑内。

另外《电力储能系统建设运行规范》DB11/T 1893—2021 第 4.2.2 条储能系统火灾危险性划分，锂离子电池火灾危险性分类为甲、乙类，按照《建筑设计防火规范》GB 50016—2014 第 5.4.2 条规定，经营、存放和使用甲、乙类火灾危险性物品的商店、作坊和储藏间，严禁敷设在民用建筑内。

因此，从符合当前规范等方面考虑，民用建筑中储电设施现阶段建设时布置在室外是比较合适的选择。

本题编写作者：梁建钢

70. "光储直柔"系统中的储能可以同建筑 UPS 或 EPS 系统储能共用吗？

建筑 UPS 有在线式和后备式，在线式 UPS 在市电正常时输出经过整流 / 逆变过程，同时对蓄电池浮充，市电中断时由蓄电池经逆变器向负载供电，市电断电后可无缝切换到蓄电池，其典型架构如图 9-33 所示。后备式的 UPS 只有当市电中断时才启用逆变电路，正常时由市电直接输出，转换时间可＜ 10ms。EPS（应急电源）有点类似于后备式的 UPS，只有当市电断电时才投入蓄电池，启动逆变器，切换时间在 0.10～0.25s，其典型架构如图 9-34 所示。

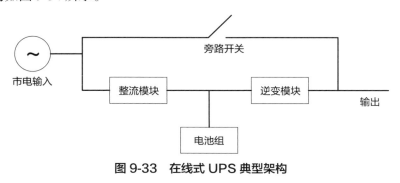

图 9-33　在线式 UPS 典型架构

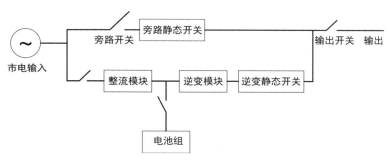

图 9-34　EPS 典型架构

（1）"光储直柔"系统概述

在储能电池方面，UPS 和 EPS 大多使用铅酸蓄电池，且 EPS 对电池以及电池模组的要求更高，而"光储直柔"系统以磷酸铁锂电池为主。UPS 蓄电池备用时间在几分钟到十几小时之间，EPS 电源的备用时间一般为 60～120min。"光储直柔"系统蓄电池容量则根据用电负荷、光伏容量、电网需求以及柔性调节需求综合设定。

（2）储能对比

"光储直柔"系统典型架构如图 9-35 所示，虽然"光储直柔"系统也可以使用铅酸蓄电池，但是可以发现，"光储直柔"系统对于蓄电池的使用跟 UPS 和 EPS 不尽相同。首先"光储直柔"系统大部分是通过双向 DC/DC 将储能接入直流母线，而 EPS 和 UPS 的蓄电池直接进入直流。其次对于蓄电池的使用策略也不一样，在线式 UPS 的蓄电池始终接入系统，蓄电池处于浮充状态，当市电掉电时，由蓄电池逆变为负载提供电能；

而 EPS 同后备式 UPS 有些类似，蓄电池只有在电网掉电时才投入使用；"光储直柔"系统以其柔性控制为典型特点，其功能之一是需要根据光伏、负载以及电网需求情况实时控制储能的充电或者放电。最后，"光储直柔"系统储能作为系统柔性控制的重要设备，除了对储能本身进行控制以外，能量管理系统同时对储能 BMS 进行实时监控，根据储能 SOC 状态调整控制策略。

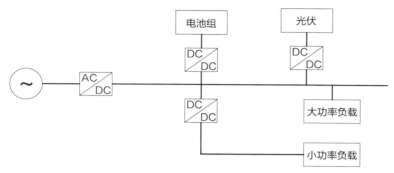

图 9-35　"光储直柔"系统典型架构

因此即使在 UPS/EPS 电池电压、容量、充放电深度等参数与"光储直柔"系统兼容时，由于"光储直柔"系统对储能电池的控制策略不同，将会造成与 EPS/UPS 对电池的控制相冲突，因而不建议同 EPS/UPS 共用储能。同时，"光储直柔"系统在电网掉电时，储能可以同时承担备用电源和应急电源的角色，因此"光储直柔"系统在一定程度上是可以实现 UPS/EPS 的功能。

本题编写作者：侯院军

71. 建筑中是配置固定储能划算，还是双向充电电动车充电桩划算？电动车的配置比例是什么？

电动车是未来电力系统中重要的蓄电资源。绝大多数时间中电动车的停靠车位都位于住宅、办公、商业等建筑的周边，与该区域的建筑共用一个变电站、同一套配电网，利用电动车电池冗余容量，可以为建筑配电网乃至城市配电网提供调峰服务和备用电源。图 9-36 为电动车与建筑互动技术示意图。

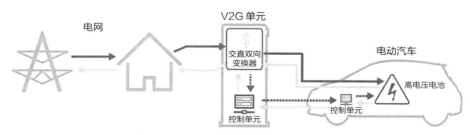

图 9-36　电动车与建筑互动技术示意图

从经济性角度考虑，用电动车来提供调峰服务和备用电源显然是更划算的，因为在建筑中配置固定储能属于配电系统的增量投资，而购买电动车首先是为了满足出行需求，电动车与建筑交互是对电池冗余容量的充分利用，对建筑配电系统而言没有增量投资。目前电动车的续航里程普遍超过 500km，而城市居民的通勤距离一般不到 40km，每天行驶消耗的电池电量不超过 20%，剩余 80% 理论上都可以与建筑配网交互；磷酸铁锂电池的循环寿命超过 3000 次，理论上可以支持 150 万 km 的里程，已经远远超出私家车使用寿命内的行驶里程。随着电池技术的快速发展，未来利用电动车电池的冗余容量来与建筑交互是技术可行的。虽然电动车跟建筑互动需要安装双向充电桩，但是固定储能也需要双向变换器，在规模化推广下二者的成本不会有太大差别。所以，用电动车来为建筑提供调峰服务和备用电源比专门安装固定储能更加划算。

但是，应该注意到，电动车跟固定储能在功能上不能完全等同。固定储能是专用的，长期与建筑配电系统保持连接关系，在建筑能量管理系统进行柔性调节和柔性评估时具有确定性。电动汽车则不然，停车场中电动车的数量受建筑使用者用车行为的影响，电动车是否插枪、是否接受建筑能量管理系统的调度受车主的行为习惯和主观意愿影响，电动车为建筑提供的等效储能容量总是动态变化而且是概率事件，对建筑能源能量管理系统而言具有不确定性。此外，电动车为了更好满足行驶需求其电池不可避免地会朝着大容量、高能量密度、紧凑式排布等方向发展，无疑会对热失控安全保护提出更严格的要求；而固定储能恰恰可以从材料选择、电池分散布置等方面来解决安全性问题。所以，虽然电动车在经济性上比固定储能更有优势，但是并不能完全替代固定储能，未来更可能根据建筑场景具体需求采用二者互补的技术方案。

至于电动车的配置比例，主要由电动车市场决定，建筑配电设计是根据电动车的数量配置相应数量的桩，以满足充放电的需求。目前，我国电动车保有量占全部汽车保有量的比例不到 3%。当停车场中电动车的比例超过 50% 时，按照 100m^2 配一个车位、一辆电动车可提供 30kWh 冗余电池容量计算，单位建筑面积可以获得 0.3kWh 电储能，已经大于建筑平均每日的单位建筑面积耗电量。由此可见，发展电动汽车与建筑的双向互动技术和互动模式具有广阔的市场前景。

本题编写作者：李叶茂

72. 电化学储能的安全性如何在设计中考虑？

电化学储能作为一个可存储能量的介质，在一定空间内聚集了一定的能量，因此很难做到"无风险"，可以做的是通过多方面来"降低风险"或者"风险可控"。针对某个具体应用，电化学储能的安全性提升是一个系统工程，需要从选型、电气设计、监测和控制、消防和应急处理等多方面综合考虑。

在选型方面，与电动车追求能量密度不同，电化学储能对能量密度的要求不是很高，尤其是能量密度在一定程度上与安全性呈现相反的趋势。因此，电化学储能在选型时首先考虑所用材质本身的安全性，即产品本身品质，然后再考虑其他方面。

在电气设计方面，《民用建筑直流配电设计标准》T/CABEE 030—2022 第 5.2 节安全防护中提到储能电池模组的最高电压不宜超过 60V，并联应用时应配置隔离电器，针对电池模组、电池簇分别设置短路保护功能等。如果能做到不同电池模组之间电气隔离、物理隔离等，则可大大降低风险规模，阻断风险扩展。

如图 9-37 所示，在监测和控制方面，机械滥用、电滥用和热滥用是引起电化学储能电池热失控的主要原因，尤其是锂电池，过充、过放以及过热等都是要严格禁止的，因此锂电池应用时必须配置可靠的电池管理系统，对锂电池单体电压、温度等进行监测，以实现在触发阈值时可靠保护，另外电化学储能系统在充放电边界控制等方面应设置一定的余量，尽量避免储能电池触发保护阈值。

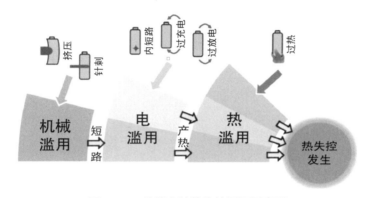

图 9-37　储能电池热失控原因示意图

在消防和应急处理方面，无论是《电化学储能电站设计规范》GB 51048—2014 和《电力储能系统建设运行规范》DB11/T 1893—2021 规定还是行业经验，电化学储能电池发生风险后目前最有效的消防措施还是水消防，除满足上述标准中规定的相关消防给水和消火栓系统外，电化学储能在设计时也要考虑如何降低单点规模，降低单点风险，实现"风险可控"。

本题编写作者：梁建钢

73. 与利用储能削峰填谷相比，利用储能消纳本地光伏是否经济？

利用储能削峰填谷运行是指在谷电价时储能系统从电网充电，之后在峰电价时储能系统放电满足负荷需求，用户收益主要取决于峰谷电价的差值以及储能本身的成本。根据国家发改委 2021 年发布的《进一步完善分时电价机制的通知》，此前峰谷电价差率在 40% 以上的地区，峰谷电价原则上不低于 4∶1，其他地方原则上不低于 3∶1，图 9-38 为深圳市 2022 年最新的居民分时电价，峰谷电价差已达到 0.86 元 /kWh，削峰填谷运行具有很大的利润空间。按照谷时电价在 0.2～0.3 元 /kWh，峰谷电价为 4∶1 来算，则峰谷价差在 0.6～0.9 元 /kWh。表 9-3 和表 9-4 为国网发布的《六类储能的发展情况及其经济性评估》中锂电池系统的储能度电成本以及测算假设，考虑系统初始投资成本为 1.5 元 /kWh，年均循环次数 500 次，储能寿命为 9 年的情况下，存储 1kWh 电的成本约为 0.67 元，因此储能削峰填谷运行的收益可在 0~0.2 元 /kWh 之间。

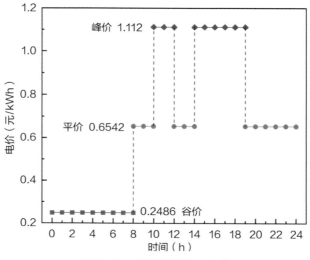

图 9-38　深圳居民分时电价

锂电池系统储能度电成本　　表 9-3

年循环次数	初始投资成本（元 /Wh）			
（次）	1.6	1.5	1.4	1.3
350	0.960	0.915	0.870	0.825
400	0.840	0.800	0.761	0.722
500	0.702	0.669	0.635	0.602
600	0.612	0.587	0.557	0.527
700	0.566	0.538	0.510	0.482

锂电池系统储能度电成本测算假设　　表 9-4

	参数	数值	参数	数值
初始投资成本 1.5元/Wh	能量成本（元 /Wh）	0.7	放电深度（%）	90
	PCS 成本（元 /Wh）	0.3	储能循环效率（%）	88
	BMS 成本（元 /Wh）	0.1	循环寿命（次）	3500~5000
	EMS 成本（元 /Wh）	0.1	寿命终止容量（%）	75
	建设成本（元 /Wh）	0.2	年循环次数（次）	500
	其他成本（元 /Wh）	0.1	系统寿命（年）	9
	运维成本（元 /Wh）	0.06	年衰减率（%）	2.5
系统残值率（%）		5	贴现率（%）	6
系统容量（MWh）		100	税率（%）	25%

而储能消纳本地光伏是在白天光伏过剩时段进行充电并在光伏不足时段进行放电，用户收益取决于光伏电力不足时段的电价和光伏发电成本与储能成本的差值。由于光储储能系统放电的时段主要为夜晚 18：00～20：00，此时的电价一般为峰时电价。而光伏度电成本（LCOE）根据气象条件的不同在 0.2～0.35 元/kWh 之间，储能成本为 0.67 元/kWh。因此，储能消纳光伏总的成本（包括利用光伏充电的成本以及储能系统自身成本）在 0.85～1 元/kWh 之间，峰时电价在 1～1.2 元/kWh 之间，因此采用储能消纳本地光伏的收益为 0～0.3 元/kWh。

事实上，光伏储能系统的收益取决于很多因素，除了光伏、蓄电池本身的成本，还取决于当地的电价与光伏补贴，或者储能相关补贴。上述只是针对一个地区的情况举例，现实情况中可能经济收益并不明显或者暂时很难有收益。但近年来随着技术升级和安装容量提升，储能成本逐步下降，同时电费逐年提升，光储系统的收益会逐步明显。此外，对于分布式光储系统不能只关注经济收益，还应该看到储能带来的间接收益，比如光伏消纳电网稳定性提高、减少弃光等。

因此综合来说，受限于目前较高的储能电池成本，利用储能削峰填谷运行和利用储能消纳本地光伏均具有一定的收益，但收益较小，在 0～0.2 元/kWh 和 0～0.3 元/kWh 之间。在双碳目标的背景下，储能行业正在蓬勃发展，储能成本也在逐步降低，因此利用储能削峰填谷运行和储能消纳本地光伏具有广泛的应用前景。

本题编写作者：马涛、赵福友

五、直流配电系统设计

74. 直流配电系统的电压等级如何选？建筑常用的用电设备分别接入哪个电压等级？

采用直流母线电压作为直流配电系统功率平衡的控制信号是直流配电系统区别于交流系统的一大特点。在直流配电系统中母线电压不仅承担着给终端用电电器供能的任务，也承担着传递系统供需平衡状态的任务。因此，直流配电系统电压等级的选择需兼顾运行控制需求。

针对直流配电系统电压等级的选择，国内外进行了大量研究和实践，虽未形成完全统一的意见，但一些基本原则已经比较清楚。一是用尽可能少的电压层级满足尽可能多的用电设备需求；二是尽可能选择更高的电压，降低电流，减小线缆截面积和线路损耗；三是控制电击事故可能带来的人身伤害后果。《民用建筑直流配电设计标准》T/CABEE 030—2022 在《中低压直流配电电压导则》GB/T 35727—2017 的基础上，从民用建筑用电负荷容量、配电距离、用电设备发展趋势与产业支撑，以及系统安全性等因素综合比较确定，推荐采用 DC750V、DC375V 和 DC48V 3 个电压等级。

在实际工程应用中，用电设备也需要根据自身额定功率选择合适的电压等级。《民用建筑直流配电设计标准》T/CABEE 030—2022 第 4.3.2 条给出了常见负载对应的电压等级，见表 9-5。对于大功率场景，如充电桩和中央空调、大功率建筑分布式光伏系统等，15kW 以上的大功率设备宜采用 DC750V。对于中等功率场景，例如空调采暖、办公设备和小型数据中心、中小型建筑分布式光伏和储能系统，0.5～15kW 的设备宜采用 DC375V。对于小功率或对用电安全要求较高的场景，例如办公设备、照明、IT 设备或工业控制器供电，500W 以下的用电设备宜采用具备安全性更高的特低电压 DC48V。

设备接入的电压等级选择   表 9-5

序号	设备额定功率	直流母线电压等级
1	＞ 15kW	DC750V
2	≤ 15kW 且＞ 500W	DC375V
3	≤ 500W	DC48V

需要指出的是直流配电系统的电压等级仅是系统设计的额定电压等级，在运行过程中，直流母线的电压会在一定范围内波动。这种波动正是直流配电系统供需平衡的信号，可以用于系统中各类变换器的控制，这也是直流系统简单易于实现柔性控制的原因。但这种优势也给变换器设备的性能和系统保护配合带来了挑战。

本题编写作者：孙冬梅

75. 直流系统架构如何选，单极还是双极？分别适用什么情况？ ⋯⋯⋯●

民用建筑直流配电系统拓扑结构按照电源与负载之间变换器的层级分为单极拓扑结构和多极拓扑结构。单极拓扑结构适用于电源与负载距离较近、负载较小的场合，多极拓扑结构适用于电源与负载距离较远、负载较大的场合。《民用建筑直流配电设计标准》T/CABEE 030—2022 第 4.3.1 条规定配电系统层级不宜超过 3 级，并在设计时尽可能减少电压变换层级，避免多级变换造成电能损耗以及供电安全性和可靠性损失。

在此原则的基础上，民用建筑直流配电系统架构按照直流母线极性，可进一步分为单极系统和双极系统两种。单极直流系统形式简单，适合负荷功率均匀的场合；双极直流系统适用于供电区域较大，负荷容量差异大的场合。在《民用建筑直流配电设计标准》T/CABEE 030—2022 第 4.1.2 条优先推荐采用单极系统形式。

在实际工程应用中单极和双极的选择主要应依据系统中直流负载的功率差异程度确定，如负荷都是 15kW 以下的中小功率电器或都是 15kW 以上的大功率电器，建议采用简单的单极 375V 或 750V 的系统形式，图 9-39 为单极和双极系统示意图，而当系统中同时存在大功率和小功率电器时，可采用真双极 ±375V 母线形式。需要注意的是，真双极系统的变换器、断路器和线缆耐压等级都应按照系统中最高电压（也就是直流正负母线间电压）进行设计选型。

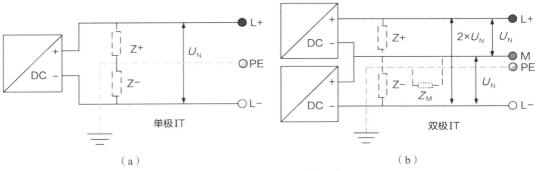

图 9-39　单极和双极系统示意图

（a）单极系统示意图；（b）双极系统示意图

本题编写作者：孙冬梅

76. 直流配电系统交直流变换器（AC/DC）、直直变换器（DC/DC）容量如何选？

直流配电系统由各种类型电力电子变换器构成，电力电子化是直流配电系统区别于交流系统最基本的特征。变换器在直流配电系统中不仅起着电压变换的作用，还承担着系统功率平衡和故障保护等功能，变换器对直流配电系统稳定运行和可靠保护至关重要。变换器的选型不仅要关注稳态的额定参数，也需要关注瞬态和暂态的性能。《民用建筑直流配电设计标准》T/CABEE 030—2022 在条文 6.2.1 中首先规定了变换器设计选型的额定参数，直流配电系统中常用的变换器一般包括两个端口，其中一个端口接到直流母线路，另一个根据设备类型不同，接入光伏电池、储能电池等。根据电能变换方式和控制策略，加上损耗的影响，变换器两侧端口的电压、电流和功率，以及控制和保护功能往往不同。对于直流配电系统而言，更关注变换器直流母线侧的性能，为避免混淆，在直流配电系统，除非特别说明，变换器以直流母线侧参数作为选型依据。其次针对直流系统运行控制和系统保护需要的关键参数进行了约定，变换器对直流配电系统稳定运行和可靠保护至关重要，变换器厂家提供的产品技术性能参数，对系统控制参数设计、保护整定计算和校核非常重要。

如前所述，直流母线电压会出现各种形式的波动，并同时对系统和用电设备的工作产生影响，变换器选型不仅需要关注额定电压下的性能，还要考虑在直流母线电压波动范围内的控制和保护功能。具体来说，《民用建筑直流配电设计标准》T/CABEE 030—2022 条文 6.1.1 对变换器设备工作电压范围和相应的运行状态进行了约定。当直流母线电压处于 90%～105% 额定电压范围时，设备应能按其技术指标和功能正常工作；当直流母线电压超出 90%～105% 额定电压范围，且仍处于 80%～107% 额定电压范围时，设备需要适当降额运行；当直流母线电压超出 70%～110% 额定电压范围，且持续时间不超过 10ms 时，设备需要采取必要的保护措施。当直流母线电压恢复到 90%～105%

额定电压范围后，变换器也应自动恢复正常运行。

本题编写作者：李雨桐

77. 交直流变换器与能量路由器有什么区别？分别适用什么情况？

（1）交直流变换

目前人类社会已发明的电能系统中较实用的电流类型有两种：交流和直流。因此总共存在 4 种电流变换形式（图 9-40）：交流－交流（变频器）、直流－直流（斩波器）、直流－交流（逆变器）、交流－直流（整流器）。交直流变换器一般指的是这 4 种变换器的一种。变换器是组成电能路由器的"骨骼"。

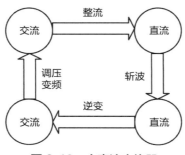

图 9-40　交直流变换器

（2）电能路由器

多种变换器（至少 2 种以上），通过一定组合方式（拓扑结构）组成一副"变换器骨架"（图 9-41），再配置一个上层调度"大脑"，就形成了电能路由器。

图 9-41　电能路由器拓扑

（a）共交流母线；（b）共直流母线

与网络路由器类似，有多条路径选择才存在"路由"一说：以往用电负荷的电能来源只有一个，即来自于电网的煤电，电能路由器可以把来自电网的煤电、来自风光氢的绿色能源、来自储能的电能糅合起来共同为负荷供电（得益于多种变换器的应用），谁安全用谁、谁稳定用谁、谁便宜用谁、谁绿色用谁（得益于上层调度大脑的存在）。

本题编写作者：王涛

78. 不同厂家生产的换流器可以在同一个系统中使用吗？

换流器是电力电子装置的一种通称，也常被称为变换器或变流器，是"光储直柔"系统的关键设备，在《民用建筑直流配电设计标准》T/CABEE 030—2022，以及《建筑光储直柔系统变换器通用技术要求》（在编）中，统称为变换器。

变换器利用电力电子技术实现电能变换和控制。根据电能变换形式，有 AC/DC 变换器、DC/DC 变换器和 DC/AC 变换器，控制又包括电压控制、电流或功率控制等多种类型。从变换器工作原理的角度，只要技术指标符合系统要求，不同厂家生产的变换器是可以在同一个系统中使用的，而如果明确功能和技术指标，不同厂家生产的变换器原则上还可以互换。如果不同厂家的变换器能像通用的低压断路器一样混用和替换，对系统设计、设备选型和维护无疑都非常有利。

由于建筑"光储直柔"技术应用还处于起步阶段，变换器产品的兼容性目前还远远不能满足要求。变换器产品通用化是建筑"光储直柔"产业化发展一个重要任务。为此，需要开展以下几个方面的工作：

（1）对"光储直柔"系统运行状态做出清晰准确描述，对关键设备提出具体要求，明确检测方法和评价指标；

（2）结合实践经验和行业诉求，规范关键设备机械结构、外形尺寸、电气接口和通信协议等方面要求；

（3）建设检测条件，对关键设备开展检测认证。

北京交通大学和深圳市建筑科学研究院股份有限公司联合国内 30 余家科研机构和企业，正在编制中国建筑节能协会团体标准《建筑光储直柔系统变换器通用技术要求》，该标准的一个主要目标，就是希望通过技术标准引导和规范变换器兼容性要求，从而更好地适应"光储直柔"技术规模化推广的要求。

本题编写作者：童亦斌

79. 对各个变换器的控制需要考虑到各个变换器之间的耦合关系吗？

"光储直柔"系统中各个设备都接入直流母线，且几乎所有的设备都采用各种形式的变换器，变换器之间的耦合关系更加复杂，这是"光储直柔"系统区别于传统直流系统最为显著的特点之一。

变换器之间的耦合可以表现为不同的形式，其中比较常见的有以下几类：

（1）"网－发－储－配－用"环节之间的能量耦合，主要影响系统能量配置和调度。常说的能量调度和管理系统（EMS），就是基于能量耦合关系，通过分析和计算实现能量的优化分配和利用。"光储直柔"系统关注的能量耦合关系时间尺度较长，一般至少在 15min 以上。

（2）变换器和系统之间功率和电压耦合。功率平衡决定直流电压，进而影响直流系统电能质量和供电稳定性。"光储直柔"系统主动功率响应技术（APR），利用电压和功率之间的耦合关系，建立了一种基于电压变化实现功能制度调节的方法。考虑功率平衡对电能质量的影响，APR 的控制周期和控制目标一般在 s 至 min 范围。

（3）在 ms 到 s 级的时间范围，主要关注暂态响应耦合。由于直流系统惯量、裕量和耐量都比较小，变换器之间暂态响应过程的耦合关系紧密而复杂，对电能质量可能产生严重的影响，是变换器设计、系统分析和控制策略研究关注的重点。针对这个问题，可以从三个方面采取措施：首先，改善变换器控制性能，降低外部扰动对变换器的影响；其次，改善直流系统惯性和保护措施，减少变换器对直流系统的影响，增强直流系统韧性；最后，借助技术标准，对变换器之间以及变换器与系统之间的暂态耦合关系做出清晰的描述和量化要求，为变换器开发和系统设计提供明确指导。

本题编写作者：童亦斌

80. 直流配电系统的接地方式如何选择？IT、TN、TT 不同的接地方式有什么优缺点？分别适用什么情况？

直流配电系统有 TN、IT 和 TT 3 种典型的接地形式，在建筑领域，直流配电系统接地方式的选择主要考虑电击防护方面的要求。

在 TN 接地系统中，接地故障产生的故障电流更加明显，可以利用剩余电流保护装置提供电击保护；同时，严重的接地故障还可能引起系统出现过电流，可以利用带过流脱扣功能的断路器进行保护。TN 接地形式这两个特点在交流配电系统中得到了充分发挥，主要依靠断路器和剩余电流保护器，交流配电系统可以简单可靠地实现快速的选择性保护。但是，直流配电系统的过电流特性与交流系统存在较大差异，即使是 TN 接地系统出现严重接地故障，过电流幅值也相对较小，利用断路器进行保护，存在拒动风险。TN 接地型式比较适合用电环境复杂，接地故障发生概率较高的场合，比如市政路灯供电，必须配置剩余电流保护提供可靠的电击故障保护，考虑到直流系统接地故障电流特点，过电流保护只能设计作为后备的电击故障保护功能。

IT 接地型式最大的优点在于，如果系统中只是单点出现故障（单故障），故障电流非常小，电击危险相应也比较小。与此同时，正是由于故障电流很小，也增大了检测和故障辨识的难度，故障定位比较困难，IT 接地系统一般无法实现快速的选择性保护，电击保护和可靠供电之间存在一定的矛盾。另外，在 IT 接地系统单点故障排除之前，系统实际上变成了一个 TT 接地系统，电击危险因此大幅增加。为保障安全，IT 接地系统必须提前制定接地故障排查和检修规程，也可以采取绝缘监测（IMD）和剩余电流检测（RCM）配合混检技术。因此，IT 接地型式更适合用电环境较好，接地故障发生概率较低，且主要以偶发性故障为主的场合，比如大部分的建筑配电系统。

采用 TT 接地型式的配电系统不用单独引出保护接地导体（PE 线），可以降低配电系统成本。但是，在建筑配电场景中，不论采取何种接地形式，为确保人身安全，都需要配置等电位联结结构，而且等电位联结必须与地相连。因此，建筑配电系统采用 TT 接地形式仍需引出保护接地导体，成本优势无法体现。另外，在 TT 接地系统中，接地故障电流的分布受接地电阻和故障点接地电阻共同影响，利用接地故障电流进行电击故障保护，存在一定的拒动风险。由于优点不突出，缺点又难以克服，在建筑配电场景中，不推荐使用 TT 接地形式。

本题编写作者：童亦斌

81. 直流配电电网同市政供电电网的接口是隔离的吗？大功率电器是否需要单独隔离？

（1）直流配电电网同市政供电电网的接口是隔离的吗？

1）直流配电网与交流配电网间的隔离

从电能传递角度看交流配电与直流配电间的接口可以采用电源隔离的方式，也可以采用非隔离的方式，直流配电网与交流配电网间的隔离主要有两个作用，一是建立独立的接地保护系统；二是阻断或减少两个配电网间的故障或电磁干扰传递途径。

交直流配电系统间采用隔离方式，可以根据专注直流负载和直流系统的故障保护去设计直流系统的接地形式，而无需过多考虑交流系统接地形式对直流接地形式的影响。

交直流配电系统间采用非隔离方式，交直流配电网间的包括接地系统内的各类电气网络均是一个整体，各类故障保护设置及两个电源间的电磁干扰均要整体考虑设计，从公共交流配电网络分析，直流配电网络仅是交流配电网络的一个用户端，其接地型式和各类保护设置均应围绕着交流系统的基本设置进行。

交直流配电系统间采用隔离方式可以采用以下方案：① 采用含有高频隔离变压器的隔离型变流器；② 采用工频隔离变压器。

2）直流配电网与公共交流配电网连接

直流配电网是指用户端直流配电系统，其与市政配网连接有与市政公共中压配电网连接和与市政公共低压交流配电网连接两种形式，图 9-42 所示了两种形式的差异。

当今讨论的主要是指用户端直流配电网络与公共交流电网间是否需要隔离。

对于图 9-43（a）是以低压电力变压器为划分点的用户端，电力变压器已经实现了用户端电网与公共电网的隔离，包括直流侧的各类电磁干扰对于公共电网的影响已经降低到最低限度，因此此时的直流配电网与低压交流配电网间可不采用隔离设计，接地系统全部以连接在电力变压器低压侧的交流配电系统为主。上述设计以交流变配电室置于建筑物内的大中型独立建筑为首选。对于低压交流系统是辐射到多个建筑或分散的直流电源用户的交直流电源接口，在各方面因素允许时可考虑采用隔离型变流装置或其他隔离措施。

对于图 9-43（b）是连接在公共低压交流配电系统的直流配电网络，为减少直流侧故障及故障保护对公共交流系统的影响，以及直流保护侧各类保护电器的可靠工作，交直流连接接口应采用隔离措施。

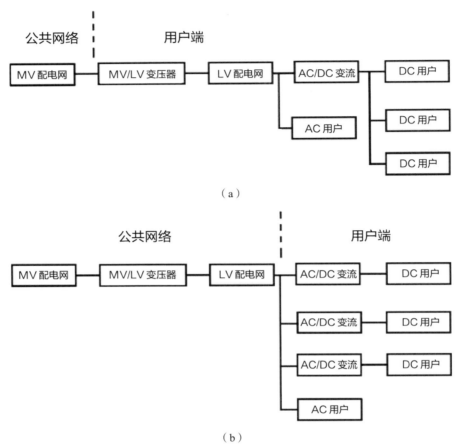

（a）

（b）

图 9-42　用户端直流网与公共交流电网接入形式

（a）接入公共交流中压配电网络；（b）接入公共交流低压配电网络

3）交直流混合配电系统中直流电源的接地设置

根据上述分析，对于非隔离型交直流混合配电系统中直流配电网络中任何一点的接地，均等同于交流系统中发生了接地故障，因此对于交直流间没有采用隔离措施的直流电源侧仅能采用不接地或高阻功能性接地的接地形式（IT 系统）如图 9-43（a）所示。

对于采用了隔离措施的隔离型交直流混合系统中直流配电网络的任何一点接地，均不会影响到交流部分，因此如果准备在直流部分做电源极或中心点接地的直流接地设计（TN 接地系统），必须在交直流接口处采取隔离措施如图 9-43（b）所示。

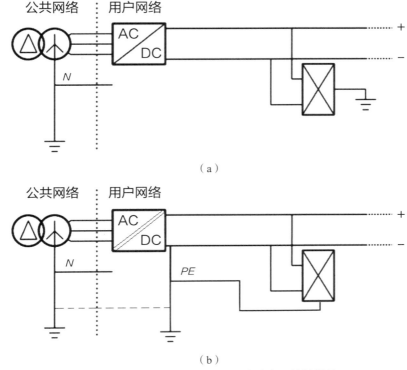

（a）

（b）

图 9-43 交直流混合系统中的直流电源接地措施

（a）基于非隔离交直流配电系统的直流 IT 接地系统；
（b）基于隔离交直流配电系统的直流 TN 接地系统

（2）大功率电器是否需要单独隔离？

如果仅是大功率用电设备，同时已经按标准做过人身电击防护及其他绝缘安全措施，这些用电设备无需采用独立的安全隔离措施。但对于光伏电源、储能电池等含有电源的大功率电器，有可能通过逆变器接入交流系统，这些电气设备供配电线路必要时可采用单独的隔离措施。

本题编写作者：胡宏宇

82. 当前直流电器设备发展中面临哪些问题？ •······················· ●

直流电器设备发展面临的首要问题是 "源 – 储 – 网 – 荷" 一体化协同发展的问题。直流电器的发展仅技术层面就不仅仅是电器设备单方面的直流化，还需要有直流电网和清洁的可再生能源直流源。然而，可再生能源发电具有波动性和随机性，且与用能负荷在时间尺度不同步，需要利用储能系统来协调可再生能源发电（源）与用能负荷（荷）之间的关系，实现源荷联动。因此，直流电器设备的发展需要 "源 – 储 – 网 – 荷" 一体化技术与产业协同发展。

直流电器设备发展面临的第二个重要问题是产品化问题。直流电器设备从实验室技术样机可行到产品化、产业化所面临的技术难度是完全不同的。产品化需要综合考虑不同应用场景、环境极限工况、客户应用需求等诸多因素,解决产品化的可靠性问题。

直流电器设备发展面临的第三个问题是产品供应链的可靠性问题。电器设备的直流化还涉及到下游的各种部件、阀件、控制器,甚至是更底层的材料等。因此,直流电器设备的产品化,还需要解决整个直流电器设备供应链的直流化与可靠性问题。

本题编写作者:赵志刚

83. 直流配电系统的防雷设计有什么具体要求?

直流配电系统的防雷设计是建筑物配电线路防雷设计的一部分,根据配电线路的不同位置和系统电压安装相应的电涌保护电器(SPD)是有效的防护措施,建议在建筑物防雷设施的基础上从以下几个方面去考量配电线路的暂态过电压设计。

(1)PV 装置的 SPD 设置

由于 PV 装置的部分设备均安装于屋顶等户外环境中,因此有关 PV 装置应对包括大气过电压在内的各类瞬态过电压的保护设置也是一个重要环节,其中 SPD 是一关键的保护电器。

根据 PV 装置的组成和一般的安装位置,PV 装置中需要进行瞬态过电压防护的设备主要有:逆变器的进出端口、PV 方阵、PV 方阵与逆变器间的相关监视及控制设备、线缆及其他相关设备。

对于上述设备的保护,安装电涌保护器(SPD)是最为有效的手段,但 SPD 的安装位置及类型直接影响瞬态过电压的防护效果,鉴于 PV 方阵及汇流箱的安装位置与建筑物的防雷接闪系统(LPS)有着不可忽视的关联,图 9-44 示意了可以对 PV 装置中相关设备提供浪涌保护的 SPD 安装位置以及建筑物防雷接闪网络的关联情况。

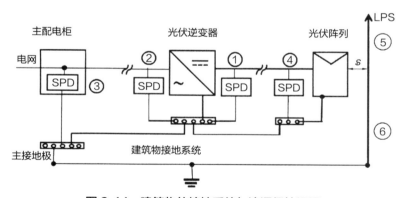

图 9-44 建筑物的接地系统与浪涌保护设置

图 9-44 中安装在逆变器直流侧的①、④ SPD 应是符合《低压电涌保护器 第 31 部分:用于光伏系统的电涌保护器性能要求和试验方法》GB/T 18802.31—2021 的 PVSPD,

如果建筑物没有⑤、⑥的雷电防护系统（LPS）设置，则杜绝了直击雷电从 PV 设备释放的路径，因此①、④ SPD 应选用满足 Ⅱ 类试验的 PVSPD。反之如果建筑物安装了 LPS，则 PV 保护装置需要进行对直击雷产生的电涌电压进行防护，此时的 SPD ①应选用满足 Ⅰ 类试验的 PVSPD。

有关光伏装置直流侧的雷电产生的电涌防护详细要求应符合《低压电涌保护器　第 31 部分：用于光伏系统的电涌保护器性能要求和试验方法》GB/T 18802.31—2021 和《低压电涌保护器　第 32 部分：用于光伏系统的电涌保护器选择及使用导则》GB/T 18802.32—2021 等国家标准。

（2）变流器交流侧的 SPD 设置

用于建筑物内各类交直流变流器交流侧的 SPD 可按标准《低压电涌保护器（SPD）　第 11 部分：低压电源系统的电涌保护器性能要求和试验方法》GB/T 18802.11—2020 和《低压电涌保护器（SPD）　第 12 部分：低压配电系统的电涌保护器选择和使用导则》GB/T 18802.12—2014 进行选择，其过电压保护水平 U_p 值应满足变流器可承受的过电压防护类别。

（3）直流配电线路的 SPD 设置

国际 IEC 标准化组织和我国的标准化组织目前正在开展用于各类直流配电系统 SPD 标准 IEC 61643-41（GB/T 18802.41）《用于直流系统电涌保护器　性能要求及试验方法》和 IEC 61643-42（GB/T 18802.42）《电涌保护器　第 42 部分　用于直流系统的 SPD 选择及使用导则》的研究和编制工作，目前尚未有正式的通用标准发布。

针对于中小型建筑物内的直流配电系统，基本上是通过变流器连接到交流配电系统或光伏等新能源系统，对于低压直流配电系统上的用电设备的冲击电压耐受能力均在 2.5kV 以上，原则上交流侧及光伏发电侧提供的电涌保护可以保护电器设备的安全，无需在直流配电系统中增加 SPD 设置，如果考虑到直流系统线路过长电压振荡导致的过电压升高或电池组充放电产生的过电压等因素，需要增加 SPD 保护，可参考 IEC 61643-11 和 IEC 61643-12 标准选用交流 SPD 进行保护，其系统额定电压应小于 SPD 持续电压 U_c 值的 1.5 倍。

本题编写作者：胡宏宇

六、直流用电设备

84. 哪些类型的用电设备可以率先直流化？

建筑用能设备直流化是大家都在摸索和探索的问题。笔者认为，建筑环境系统设备可以率先实现零碳直流化。建筑环境系统设备主要包括空调通风系统、新风系统和照明系统。主要原因有：

（1）建筑环境设备具有直流化的应用需求。建筑环境系统中的空调主机、水泵、风机等设备以及照明系统一般是集中设计、集中建设、集中运行管理，客用户创新消费门槛相对低，产业化应用推广开销小，实效高。与交流电相比，光伏直流电直接驱动直流负荷，效率高用材省，直流电没有变化的周期、相位、频率等，能更好构网高效消纳建筑光伏，有利于实现更加经济、更加高效的协同运行控制管理。因此，建筑环境系统设备具有零碳直流化需求。

（2）建筑环境设备具备直流化的基础条件。国家已开展了多年的建筑节能专项行动，推动了风机、水泵等设备变频化。变频器本身是交－直－交系统，内部转换环节是直流，为实现风机、水泵等电动设备直流化准备了良好的产业技术基础。而照明行业率先通过LED泛直流化，经济性、可靠性等都已具备全直流化基础。

因此，建筑环境系统即空调通风等和照明系统可以率先实现零碳直流化。

本题编写作者：赵志刚

85. 目前直流电器与传统交流家电的价格有多大差异？

就家用电器本体而言，大部分直流家电在规模量产后，因为省去了交流变频家电中的整流电路等，相比传统交流家电的价格上具有优势。然而目前大部分直流元器件还需要定制开发，这部分定制化直流家电的价格会超过传统的交流家电。随着直流家电的市场需求增强，家电上下游产业链的完善，直流元器件的规模化生产后，其价格将与交流器件持平或更低，直流家电成本优势将逐步显现出来。下面，再通过大家熟悉的3类家电产品例子来进一步说明交流和直流家电的成本差异。

（1）空、冰、洗等主流变频大家电产品具有价格优势

如图9-45所示，直流家电相比交流变频家电省去了整流电路和PFC电路，直流家电规模化生产后从原理上而言在价格上存在优势。

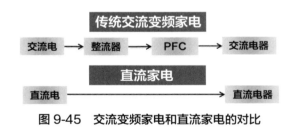

图9-45　交流变频家电和直流家电的对比

如图9-46所示，以变频空调为例，直流省去了部分元器件，伴随着直流元器件的成熟，直流空调价格相比传统交流空调具有以下潜在的价格优势：

1）主体维持不变：交流空调驱动部分应用的MOS、IPM等功率元器件，电容、电感等部分辅助元器件以及变频压缩机、直流风扇等驱动硬件均可以直接兼容目前375V直流电压应用。

2）整流/滤波减少：省去了FRD、IGBT等整流元件和电解电容、高频电感等滤波元件。

3）通断／电阻直流：继电器、电磁阀、加热丝等都可以换为直流部件。

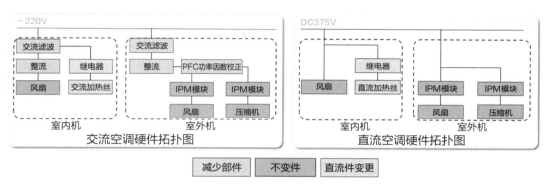

减少部件　不变件　直流件变更

图 9-46　直流空调与交流空调硬件拓扑对比

（2）直流小家电价格优于交流小家电

净水机、灯具、电脑等生活小家电本身采用直流驱动，交流供电需整流为直流供电，由直流直接供电省去了整流和稳压部分，量产后价格相比有优势。吸尘器、破壁机、吹风机等小家电采用串励磁电机时可兼容直流电且电机成本可降低，采用直流变频电机时与变频大家电类似，变频驱动在规模后同样具有价格优势。

（3）电阻型直流家电相比交流家电价格持平

电热水器、电饭煲等纯电阻型家电直流化时，仅需将加热管／件由交流器件换为直流器件，目前直流加热器件规格系列化不足需定制，随着直流元器件的配套成熟，电阻型家电直流家电规模化与交流家电基本持平。

通过国内家电上下游产业链企业、科研单位，建筑及电力行业合作研发和示范运行等，一定能加速直流家电市场化、产业化进程，实现直流家电价格逐步降低，通过绿色直流用电有效支撑国家双碳目标的实现。

本题编写作者：俞国新

86．如何全面推进建筑用电设备直流化？需要从哪些方面开展工作？

建筑机电设备直流化是制约"光储直柔"建筑发展的重要瓶颈。而全面推进建筑机电设备直流化，就是要突破机电设备直流化瓶颈，构建支撑"光储直柔"建筑的机电设备体系，是实现我国"双碳"目标和建筑能源系统变革的重要途径。

推进建筑机电设备直流化，关键是要解答建筑机电设备直流化"是什么""干什么""怎么干"3 个问题。首先，如图 9-47 所示，建筑机电设备直流化是具备直发直用、柔性调蓄功能为一体的新型机电设备，这就涉及机电设备柔性柔度如何刻画、如何评价的问题；其次，推进建筑机电设备直流化就是要开展直流化设备及通用接口的研制，打造直流机电设备生态；最后，要解决上述工作，要从基础理论、关键技术、产品开发、测试评价与标准体系构建几个部分进行突破。

只有找准位、定好标、出对招，才能使得系统、全面推进建筑机电设备直流化工作"走准方向、干在实处"。

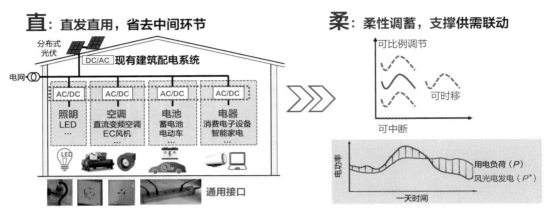

图 9-47　建筑机电设备直流化

（1）建立建筑机电设备柔度的定量刻画方法，对建筑各类机电设备的柔性柔度进行有效刻画评估，揭示其可实现的柔性调节能力。

面向"光储直柔"建筑规模化应用过程中对柔性直流机电设备的重大需求，尚缺少针对机电设备柔性柔度的定量刻画方法和评价指标，成为制约柔性直流机电设备确定研发目标和产品实际推广应用的重要瓶颈，需要基于各类机电设备的用能特点、可调节能力等来确定合理的柔性柔度评价指标和定量刻画方法。

（2）研发可功率调节、可时移、可蓄能的多品类直流机电设备，实现响应直流母线电压变化的机电设备功率自适应运行控制，揭示机电设备与自备蓄能的耦合关系。

各类直流机电设备产品是推动"光储直柔"建筑应用的重要产品基础，满足直流配电系统运行需求、电压变化特点及功率调节响应特点的直流机电设备是全面推进建筑用电设备直流化的工作重点。"光储直柔"建筑用直流机电设备应遵循建筑直流微电网的稳态、暂态技术参数要求，具备柔性调节功能，并且需要根据光伏发电功率在宽电压范围（80%～105%）内运行。这就需要采用电机控制、功率－电压响应调节模型、精准控制策略、高效蓄能等技术手段，实现机电设备宽电压稳定运行和快速动态负载响应。此外，要同步开展产业化推广工作，做到工程可实现、市场可采购、用户可接受。

（3）对直流插头插座产品提出统一的技术要求和通用的型式尺寸要求，以标准规范直流插头插座产品设计生产，推进建筑机电设备直流化发展进程。

作为实现直流建筑机电设备与直流配电系统电气连接的关键供电接口（直流插头插座）的统一性、互换性、安全性至关重要。需要开展直流通用接口产品型式尺寸、机械性能、电气性能等通用安全技术要求指标体系研究。结合机电设备功能需求，研发不同电压等级的直流插头、直流固定式插座、直流延长线插座等直流通用接口产品。

（4）提出直流机电设备在柔性控制、设计参数、通用接口、安全可靠评价等方面技术要求，构建系统化的建筑直流机电设备标准体系。

机电设备直流化后的柔性控制、设计参数、通用接口、安全可靠评价等方面标准的缺失，导致直流机电设备难以真正产品化、市场化，难以从样机试制走向规模化应用。为此需要建立柔性用能和柔性控制的测试与评价标准，提出设计参数、通用接口等方面的技术要求，建立直流机电设备产品的合理技术指标和产品标准。

　　全面推进建筑用电设备直流化是一项系统工程。需要相关产业、上下游共同努力，一起推动才能够实现。在此也呼吁各位专家与我们一同促进机电设备领域的技术革新、产品创新和产业升级，切实支撑"光储直柔"建筑规模化推广应用，服务国家双碳目标。

本题编写作者：汪超

七、建筑柔性及电力交互

87. 如何评价一栋建筑的柔性大小？有哪些评价指标？

　　建筑柔性量化评估是建筑应用辅助电网稳定性调节的重要基础，目前已有较多学者提出了柔性量化评价的指标和方法体系，主要从功率、能量、时长角度出发，包括削峰量／峰谷电量相对值，转移负荷量，可再生能源消耗率，及延迟开启时间／强制开启时间等。

　　削峰量／峰谷电量相对值：在美国、欧洲对需求响应潜力进行调查和理论分析计算时，采用了削峰量或削峰量在高峰时期所占总负荷的比例来量化柔性。有学者提出了采用峰、谷时期用电总量的相对值来表征建筑将能源使用从峰转移到谷的能力，从而量化建筑柔性。

　　转移负荷量：Le Dreau等人定义了两种简单的控制策略来激发和评估建筑能耗的柔性潜力，即蓄热（提高室温设定值）和节热（降低室温设定值）策略。考虑建筑是通过设置室内设定温度对供暖设备进行控制，在参考状况下，室内温度恒定不变；在蓄热策略下，将室内设定温度相较参考状况提高一定温度（如2K）并持续一段时间（定义为"激活时间"），再将室内设定温度调回原值，供暖负荷会出现相较于参考状况"先增加后减少"的现象，定义增加和减少的部分表征转移负荷量的潜力，如图9-48所示，转移热效率定义为两者的比值，表征负荷转移时总量的变化。

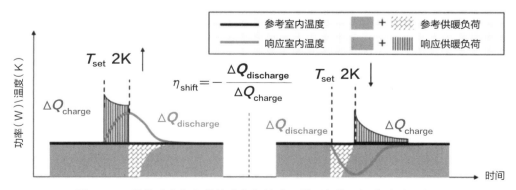

图 9-48　蓄热（左）和节热（右）策略下供暖负荷和温度随时间变化

可再生能源消耗率：在研究可再生能源产能系统结合的建筑时，常常采用可再生能源消耗率、贡献率等概念来描述建筑的柔性。Salpakari 等人对于带光伏系统的建筑柔性进行了研究，考虑了建筑中的蓄热水箱和蓄电池的储蓄能力，以及使用时间可以转移的电器，将建筑从电网的取电量作为柔性指标。在负荷总量一定时，从电网取电量减少意味着可再生能源消耗率和贡献率的增加。Zhou 等人在评价建筑与静态电池和电动汽车结合的柔性时，定义了非峰值时段可再生产能转移率，即在非峰值时段可再生产能储存量与总剩余可再生产能量的比例，用来表征非峰值时段储存可再生电力量占总过剩可再生电力量的比例；以及非峰值时段可再生产能贡献率，即在非峰值时段可再生产能储存量与蓄能装置（包括静态电池与电动汽车）到建筑放能总量的比例，用来表征非峰值时段储存的可再生电力量对建筑的贡献。

延迟开启时间／强制开启时间：采用在时间上转移一定电能消耗的能力来评价柔性，将特定系统电力消耗可以延迟或强制提前的小时数作为量化指标，这一量化方法主要适用于带有蓄热水箱的热泵供热系统。时间指标可通过最小累积负荷曲线和最大累积负荷曲线的构造方法，最小累积负荷曲线即储能系统只有在蓄热量不足以满足当前热需求时才投入使用，即装置始终处于最低的充能状态，最大累积负荷曲线则与此相反，储能装置始终处于可能达到的最高充能状态。而实际系统的累积负荷曲线在这两条曲线之间，柔性正是由两条曲线之间的时间间隔来定义的，如图 9-49 所示。当延迟系统启动时，需要蓄能装置满足需求；而当强制启动时，超出实时需求的部分储存在蓄能装置中以待后面使用。在这样的量化指标下，蓄热装置容量、热源的功率决定了柔性的大小。

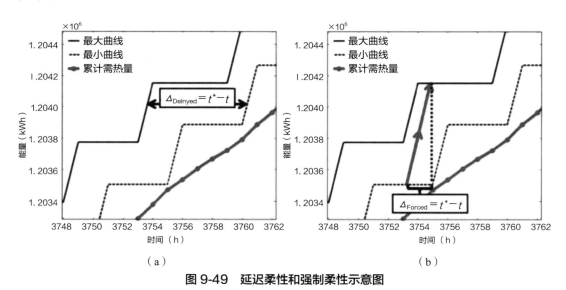

图 9-49　延迟柔性和强制柔性示意图

（a）延迟柔性；（b）强制柔性

本题编写作者：张涛

88. 不同类型建筑的柔性调节潜力有多大？

建筑用电柔性是通过调节用户侧解决发电负荷和用电负荷不匹配问题的一种能力。建筑用电柔性来自 3 方面：一是建筑用电设备，在保障生产生活基本质量的前提下，通过优化设备的运行时序，错峰用电；二是储能设施，投资建设储能电池、蓄冷水箱、蓄冰槽、蓄热装置等，直接或间接地实现电力的存储；三是电动车，通过智能充电桩连接电动车电池和建筑配电系统，在满足车辆使用需求的基础上，挖掘冗余的电池容量，使停车场中电动车发挥"移动充电宝"的作用。所以，不同类型建筑调节潜力的差异取决于上述可调节负荷的量。

空调负荷在建筑中占比较大，是重要的可调节负荷。不同类型建筑的空调负荷形态不同，如图 9-50 所示是办公建筑和商场建筑的典型日空调负荷形态。通过放宽室内温度范围的方式可以在空调开启时间段调节空调功率，由于不同类型建筑的空调负荷峰值和使用时间不同，所以柔性调节潜力也不完全相同。

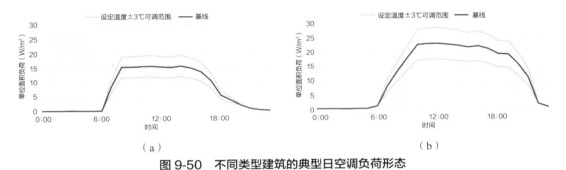

图 9-50　不同类型建筑的典型日空调负荷形态

（a）办公建筑；（b）商场建筑

充电桩会随着电动车的发展越来越多地在建筑中安装，通过发展有序充电技术和双向充放电技术，充电桩也会成为未来建筑中的可调负荷。其中，有序充电技术是单向的，在充分考虑用户用车需求和电网调节需求，控制电动车充电功率，既能保障配网安全，又能降低充电经济成本和间接碳排放；双向充放电技术在有序充电的基础上实现了反向放电功能，在电力紧张时往建筑供电，把电动车作为备用电源或储能电池来使用。

此外，未来建筑中还可能配置各式各样的储能系统，包括电化学蓄电池、蓄冷蓄热装置等。国务院发布的"2030"碳达峰行动方案中也提出了建设集光伏发电、储能、直流配电、柔性用电于一体的"光储直柔"建筑。建筑储能系统会是未来的一个发展趋势，而建筑柔性调节潜力也会因储能系统配置而进一步增大。

本题编写作者：李叶茂

89. 什么是基于直流母线电压的自适应控制策略？有哪些优点和缺点？

在直流建筑中，母线电压可以在较大范围的电压带内变化，而不限于额定电压值的

±5%。通过 AC/DC 控制母线电压，以母线电压为信号引导各末端设备进行功率调节是直流建筑的一种最简单的柔性调节方式。当 AC/DC 在控制直流母线电压升高或者降低时，各末端设备就会自动切换运行模式、调节功率大小，进而实现对建筑取电功率的控制。

接入直流母线的电气设备都可以采用上述基于直流母线电压的控制策略，包括空调、充电桩、直流配控一体机、储能电池等，原理示意图如图 9-51 所示。以储能电池系统为例，其 AC/DC 变换器检测直流母线电压，当电压高于某一设定值时充电，当电压低于另一设定值时放电，同时母线电压越高充电功率越大、母线电压越低放电功率越大。空调设备可以根据电压高低调整压缩机频率或者室内温度。充电桩还可根据电压高低决定充电速率，甚至在母线电压过低时从汽车电池中取电，反向为建筑供电。当然，用户或者建筑管理员有权关闭调节功能或者限定调节幅度。

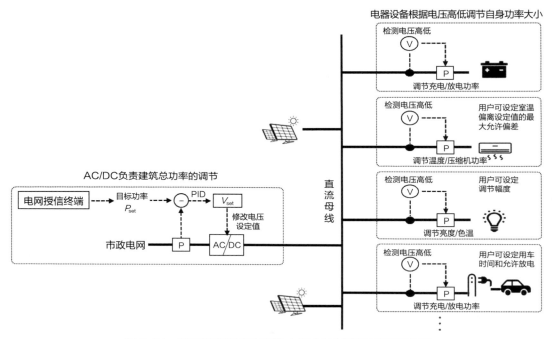

图 9-51 基于直流母线电压的自适应控制策略原理示意图

基于直流母线电压的自适应控制策略的优点是不依赖于通信系统，柔性调节设备实现即插即用，建筑能量管理系统的管理简单，具有较强的可扩展性。面对复杂多样的建筑终端设备和用户需求，基于直流母线电压的控制系统可以实现快速部署。即使个别设备的柔性控制功能失效，也不会影响到其他设备的正常运行。

基于直流母线电压的自适应控制策略也有劣势。一方面，不同设备之间没有通信的话无法实现实时的协调控制，建筑能量管理系统的资源聚合可能得不到充分发挥；另一方面，配电系统存在压降导致各设备观测到的电压值不同，配电线路压降过大会导致实际控制效果偏离预期。

本题编写作者：李叶茂

90. 建筑实现柔性可以辅助电网进行哪些调节？具体对建筑有哪些要求？

电网的电力与负载调节是维持电力系统运行可靠与稳定的重要措施之一，建筑通过实现柔性调节可以参与电网的削峰、填谷、调频、备用等辅助服务。不同类型的辅助服务对用电端的调节要求与能力有很大区别，因此对于建筑柔性调节能力的技术指标要求也不一样。电力辅助服务市场构成如图 9-52 所示。

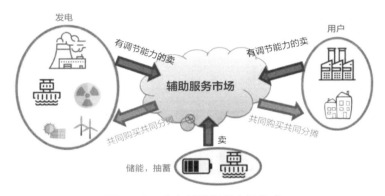

图 9-52　电力辅助服务市场构成

基本要求包括监测数据要求、调节能力要求、运行边界要求、通信要求。

监测数据要求：数据采集误差应不大于 0.5%，每日数据的完整率应大于 99%，应具备响应数据补召上送能力；

调节能力要求：上送的数据单位应满足调度机构要求，聚合有功单位为 MW，可调节资源单体有功单位为 kW（如充电站、储能站、楼宇等），并与传统调度自动化负荷数据极性一致，用电为正，发电为负。应具备定时申报次日全天 96 个节点的调节能力曲线（区分上调和下调）的能力。

运行边界要求：进行可调节负荷单体控制目标分解时，应结合动态评估单体的实际调节能力（如功率上下限和持续时间等）后，确保下发的单体控制目标满足用电设备安全边界和用户用电需求等多重约束。

通信要求：应在确保用电设备安全的前提下尽快实现功率目标响应，从建筑聚合商系统收到调度总指令到用电设备收到分解指令的时延应不大于 5s。

针对不同类型的辅助服务，对响应功能要求列举如下：

（1）削峰／填谷调节要求

功能要求：可调节容量（向上或向下）应不小于 1MW，持续时长应不小于 30min。

指令时间：响应削峰／填谷指令的速率应不低于额定容量的 0.5%/min。

响应速度：对计划调节指令响应时间（自接收控制信号起，直到功率变化量首次达到目标控制功率 90% 的时间）不应超过 15min。

调节精度：有功功率调节精度（实际调节量与其控制要求之间的差值）不超过控制要求的 20%。

数据要求：总负荷实时功率、所聚合资源单体的实时功率，数据周期不应超过1min，数据上送周期不应超过1min。

（2）一次调频控制调节要求

功能要求：频率在（50±0.05）Hz范围内不动作，在该范围外履行调频响应约定。

启动时间：自接收控制信号起，直到功率变化量首次达到目标控制功率10%的时间不应大于3s。

响应时间：自接收控制信号起，直到功率变化量首次达到目标控制功率90%的时间不应大于12s。

调节时间：自接收控制信号起，直到功率达到目标控制功率且功率偏差始终控制在±2%以内的起始时刻的时间不应大于30s。

调节精度：有功功率调节精度（响应出力与其控制要求之间的差值）不应超过额定容量的±2%。

数据要求：数据上送周期不应超过1s。

（3）自动功率控制（APC调频模式）调节要求

指令时间：响应APC调频指令的速率不应低于虚拟电厂额定容量的1%/min。

调节范围：最大可调出力与最小可调出力之差应不小于接收到调节指令时运行功率的20%。

响应时间：自接收控制信号起，直到功率变化量首次达到目标控制功率90%的时间应不大于120s。

调节精度：有功功率调节精度（响应出力与其控制要求之间的差值）应不超过额定容量的±5%。

数据要求：数据上送周期不应超过1s。

（4）备用控制调节要求

指令时间：响应备用调出指令的速率不低于额定容量的1%/min，持续时长应不小于30min。

响应时间：自接收控制信号起，直到功率变化量首次达到目标控制功率90%的时间应不大于10min。

调节精度：有功功率调节精度（响应出力与其控制要求之间的差值）应不超过额定容量的±5%。

可调负荷参与不同辅助服务性能指标要求见表9-6。

可调负荷参与不同辅助服务性能指标要求 表9-6

指标	一次调频	自动功率控制	调峰（填谷、削峰）
功率上报周期			1min
可调节容量/调节范围		不小于50%×在运功率	5MW
持续时长			0.5h
调节速率		不小于1%×可调节负荷容量/min	不小于1%×可调节负荷容量/min

续表

指标	一次调频	自动功率控制	调峰（填谷、削峰）
调差率（准确度）	5%		
启动时间	不大于 3s		
响应时间	不大于 12s	不大于 120s	不大于 1min
调节时间	不大于 30s		
有功功率调节精度	±2%×可调节负荷容量	不大于 5%×可调节负荷容量	
合格判定	大于理论积分电量值 70%	满足上述性能指标	大于计划调节功率×80%
补偿方式	超过理论电量值 70% 的动作积分电量	调节容量补偿、调节电量补偿	调节电量补偿

本题编写作者：王滔

91. 直流系统和交流系统都可以进行负荷柔性控制吗？与交流系统相比，在直流系统中进行柔性控制有哪些优势？

负荷柔性控制只需具备两个条件，第一是负荷自身具备功率主动响应功能，第二是负荷可以与能量管理系统交互，知道什么时候需要调节，与配电系统形式无关。所以，无论是交流系统还是直流系统都能进行负荷柔性控制，如图 9-53 所示。

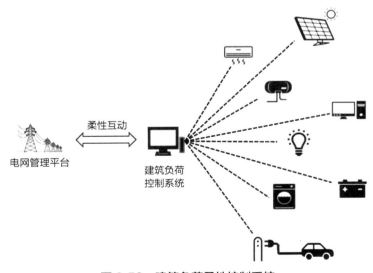

图 9-53　建筑负荷柔性控制系统

在功率主动响应功能方面，直流配电系统的有关标准和配套电器设备产品还在制定和研发中，功率主动响应可以作为新功能增加到新的直流配电有关标准和电器设备产品中。事实上，采用直流供电的用电设备普遍内置电控器件，本身就具有较强的可控性。

《民用建筑直流配电设计标准》T/CABEE 030—2022 中指出空调、电热水器和照明灯具等用电设备宜具备功率主动响应（APR）功能，同时给出了可比例调节负荷的设备用电柔度的计算方法。当所有或绝大多数直流电器都具备标准化的功率主动响应功能的时候，直流配电系统进行柔性控制的优势就会凸显。当然，如果现存的交流电器也主动增加功率主动响应功能并且也能形成有关通信接口标准和柔性检测标准，交流系统也一样能够进行负荷柔性控制。

在负荷与能量管理系统交互方面，直流配电系统可以用基于直流母线电压的自适应控制策略，以母线电压为信号引导各末端设备进行功率调节。这种方式不依赖于通信系统，柔性直流设备即插即用，建筑能量管理系统的管理简单，具有较强的可扩展性，面对复杂多样的建筑终端设备和用户需求可以实现快速部署。交流配电系统可以通过物联网系统实现能量管理系统与柔性负荷进行交互。但是，面对不同厂家设备的不同通信接口，如何实现柔性控制接口的标准化是交流配电系统实现负荷柔性控制的挑战。

本题编写作者：赵宇明、李叶茂

92. 电动车与建筑负荷之间如何协调控制？ ·······························•

插电式电动车（PEV，plug-in electric vehicle）在停放期间进行外接充电时，电动车电池通过充电桩与建筑供配电系统相联接，充电速率和充电时间可根据建筑或电网要求进行调节；当充电桩具有双向充电功能时，PEV 还可以反过来向建筑放电。这样一来，连接在建筑或建筑微电网中的 PEV 数量较多时，就形成了大规模的分布式储能系统，具有巨大的调节潜力。

通勤是目前 PEV 的重要使用场景，这是由于 PEV 主要受到续航能力、充电地点的限制，而用作通勤时单次里程和停放地点相对固定，办公楼停车场与住宅处的充电桩数量相对更充足。在工作日，通勤 PEV 在办公楼和住宅之间来回，除去早、晚通勤在路上行驶的时间，其他时段全部处于接入办公楼或住宅的状态，而这与目前电力系统净负荷的峰谷时段重叠；当白天电力负荷处于高峰时段时，通勤 PEV 接入办公楼放电，可将电能反馈到建筑或电网中，从而达到削减电力峰值负荷的效果；当夜晚电力负荷处于低谷时段时，通勤 PEV 接入住宅充电，可以利用电池消纳、储存富余的发电量。此外，在未来高比例可再生能源的电力系统中，电力净负荷的形状将被重塑，譬如在以太阳能光伏为主的电力系统中，电力净负荷曲线将向所谓的"鸭形曲线"靠拢，电力的峰谷时段较当前发生转变；白天光伏出力较高，电力负荷反而处于低谷时段，PEV 接入办公楼充电，可利用电池消纳、储存富余的发电量；当晚上电力负荷处于高峰时段时，接入住宅的 PEV 可以对建筑放电，减少住宅从电网的取电量，从而削减电力峰值。

可以注意到，在以上两种情境中，通勤 PEV 在不同建筑间移动并与它们进行能量交互，达到了削峰填谷的效果，实现了电力系统中的移动式储能单元的作用，这一模式在空间、时间尺度上的过程如图 9-54 所示。办公楼与住宅都连接到城市电网，并通过通勤 PEV 的移动发生关联，可以耦合为"虚拟"的微电网系统。

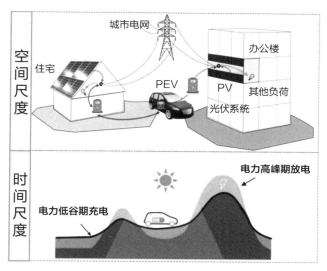

图 9-54 办公楼－住宅耦合微电网中通勤电动汽车充放电模式示意图

以上模式的实现有两个关键前提：其一，在硬件配置条件方面，需要在办公楼和住宅两侧都部署足够数量的充电桩；其二，在系统管理调度方面，则需要对 PEV 集群进行协调控制，在不影响用户行程需求的前提下，对 PEV 充放电过程进行优化控制。

首先，图 9-55 中比较了 3 种不同充电桩部署方案对未来高比例光伏情境下微电网电力负荷管理的影响。在如图 9-55（a）、图 9-55（b）所示的配置中，通勤 PEV 只能与住宅或办公楼其中之一进行能量交互，因而只能对单一时段上的负荷进行调节，整体负荷峰谷差和爬坡需求无法得到有效缓解，调峰效果大打折扣，甚至可能恶化。譬如，在图 9-55（a）中，晚上的电力高峰被削减，但白天的电力低谷和爬坡需求没有被缓解；在图 9-55（b）中，通过填谷策略缓解了填谷问题，但是负荷的爬坡需求不减反增。在如图 9-55（c）所示的配置中，PEV 与住宅和办公楼都可以进行能量交互，电池的储能潜力得以充分地利用，而不再受到停车地点和时段的约束，增加了调峰效果。

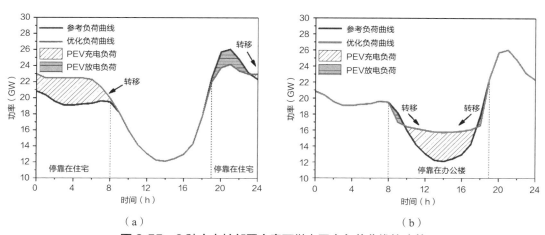

| （a） | （b） |

图 9-55 3 种充电桩部署方案下微电网净负荷曲线的改善

（a）仅在住宅部署充电桩；（b）仅在办公楼部署充电桩

133

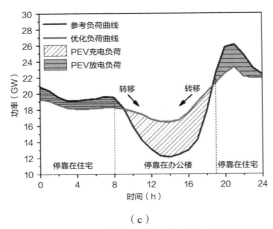

（c）

图 9-55　3 种充电桩部署方案下微电网净负荷曲线的改善（续）

（c）在办公楼和住宅都部署充电桩

其次，通勤 PEV 集群的协调控制也尤其重要。图 9-56 中比较了对 PEV 集群的充放电过程采取不同控制方式时系统的净负荷曲线，包括参考状况（无 PEV）、无序充电和协调控制 3 种情境。相较于参考状况，无序充电加剧了净负荷的峰谷差和爬坡需求，而协调控制则可以显著地减少上述需求。

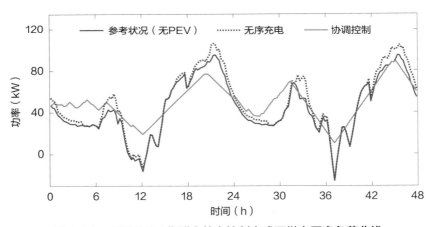

图 9-56　不同 PEV 集群充放电控制方式下微电网净负荷曲线

综以上述，由于通勤 PEV 集群的时空移动特征与电力系统峰谷变化特征相匹配，可以实现办公楼-住宅耦合微电网中的移动式储能单元的作用，在双侧部署充电桩和协调控制的前提下，这一模式可以有效地对电力系统净负荷进行削峰填谷。

本题编写作者：赵宇明、余镇雨

第 10 章 "光储直柔"工程项目问题

一、经济性与商业模式

93. "光储直柔"系统的增量成本一般是多少？主要的增量成本是哪些项目？

同不具备任何调节能力的交流分布式光伏系统相比，"光储直柔"增量成本在10%~30%，随着场景不同而不同，偏差会较大。产生增量成本包括和电网接口的柔性变换器（单向或双向）、直流配电系统的保护测控、电器的直流化柔性化成本等（"光储直柔"系统主要电源设备如图 10-1 所示）。这些成本会随着产业化不断推进，会逐步走低。需要重点说明的是：

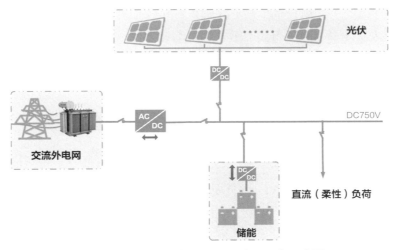

图 10-1 "光储直柔"系统主要电源设备示意图

（1）这里没有把储能计入，原因是储能配置的多少取决于系统调节能力和供电可靠性的设计目标。事实上，大部分交直流微电网项目都有储能设备，认为"光储直柔"系统才有储能是片面的。

（2）交流分布式光伏系统（图 10-2），如要实现柔性调节功能，仍需要另外添加设备，这个成本加起来不会比"光储直柔"系统低。

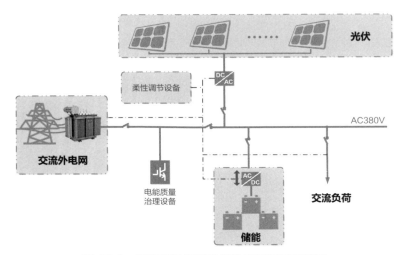

图 10-2 具有柔性调节功能的交流系统示意图

（3）在考虑成本的同时，"光储直柔"带来的收益也必须计及。目前看这些收益包括：配备容量的减小、能效的提升、用电安全性和供电可靠性提升、参与需求响应收益、实现柔性给全社会带来的社会经济效益。这些收益的量化将随着更多的工程实践和电力市场机制完善逐步清晰。

下面以某采用"光储直柔"技术的办公楼为实例，增量成本构成如图 10-3 所示。该项目"光储直柔"系统的总投资 330 万元，单位面积增量成本 526 元 /m²。主要包括：① 光伏工程（含人工）；② 储能工程（电池及配电柜）；③ 直流配电网（变换器、保护、配储控一体机及配电柜）；④ 弱电工程（能量管理系统及配电）。可以看出直流配电网构成了系统中最大成本，占比近 50%。其次是光伏发电工程，也是"光储直柔"技术电力来源的重点。储能及弱电工程均占 16% 左右，该工程应用供案例参考。

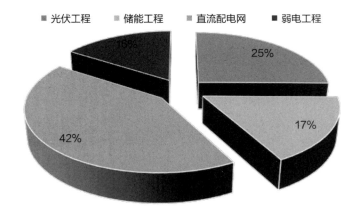

图 10-3 "光储直柔"系统增量成本构成

本题编写作者：李忠

94. "光储直柔"系统的运行维护同交流配电系统有哪些不同？会增加运维成本吗？

（1）运行维护不同

传统的交流配电系统结构简单，主要以变压器、开关器件、电表、继保等为主。"光储直柔"系统（图 10-4）与传统的交流配电系统相比，除了变压器等开关设备外，还存在大量的电力电子设备、光伏及储能设备，系统架构复杂、设备众多、功能也相对复杂，因此对运行维护提出了更高的要求。主要表现在以下几个方面：

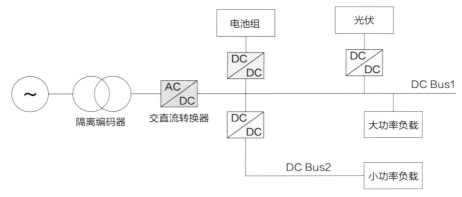

图 10-4 "光储直柔"系统典型架构

1）对运行维护人员的专业知识与技能要求较高。"光储直柔"系统的运行维护人员除了具备基本的电气知识，还需要具备一定的光伏、储能、电力电子变换器、智能监控等方面的专业知识与技能。

2）对运行环境要求较高。"光储直柔"系统中存在大量的电力电子设备及智能监控设备，这些设备对信息系统的依赖程度较高，需要定期巡检维护，以保证系统通信功能正常。

3）运行维护习惯与交流系统存在差异。"光储直柔"系统中存在多种电源，如光伏、储能、电网，停电检修时要把所有的"源"（电网、光伏、储能）断彻底，否则会有操作风险。尤其是同一场景中同时包含交流负载和直流负载时，容易对运行维护人员造成一定的困惑和混淆，需要防范操作风险。

4）"光储直柔"系统一次设备和二次设备高度融合，很难像传统配电系统可清晰区分，运维中无法一二次分工。

（2）运维成本不同

当"光储直柔"系统规模不大时，其运维成本增加较为明显，但基本能被其收益所覆盖。随着系统规模增大，其智能化优势会越发明显，运维成本将显著降低，甚至会低于相同规模的交流系统。如图 10-5 所示为某现场。

图 10-5　现场图片

本题编写作者：李忠、侯院军

95. 既有建筑"光储直柔"系统改造商业模式有哪些？

相比于满足基本功能的建筑物相比，"光储直柔"建筑的增量投入包括 6 个部分：分布式光伏、分布式储能、双向电动充电桩、机电设备直流化、数字能源平台、建筑同步提升改造。

从产出来看，经济价值类的有：

（1）光伏发电（kWh）的确定性产能收入；

（2）电动车充电（kWh）的服务费收入；

（3）节能改造的运行费用（kWh）省减收入；

（4）储能和能源管理系统利用峰谷电差（kW）套利的电费省减收入；

（5）节省电力（kW）参与需求侧响应的奖励型经济激励收入；

（6）参与碳交易的收益（或有）尚不明确。

从产出来看，社会效益类的有：

（1）管理能力建设提升；

（2）社会形象价值提升；

（3）室内环境改善；

（4）有形无形资产价值增值。

"光储直柔"建筑利益相关者复杂得多，包括了如下四方：

（1）产权人——建筑的房产所有者；

（2）资管方——建筑的经营管理方，比如酒店管理公司，园区管委会等；

（3）运维方——建筑的日常运维者，比如物业公司或设备运维公司；

（4）用户方——建筑的使用者，比如日常生活、办公到访人员等。

上述四方，都可能是"光储直柔"增量成本的投资人和经济价值、社会效益的受益人，相互交织导致投融资模型复杂多变。

分布式光伏发电、储能、电动车充电桩、负荷柔性调节带来的能量型（kWh）经济收益，本着"谁投资谁收益"的原则，在当前的工商业能源价格体系下，基本可在 10 年之内回收投资，已具备商业投资价值。

相比于传统的交流型光伏建筑，"光储直柔"由于"直"和"柔"两个环节导致配电网的造价大约要提高较多，但是与之对应的经济收益都是功率型（kWp）的，且存在或有风险，在当前以能量型（kWh）为主的电价体系下，很难收回投资，这是制约"光储直柔"建筑技术市场化应用的瓶颈问题。

城市既有建筑"光储直柔"系统改造，建议采用"区域尺度聚合、建筑＋X 协同"的商业模式，在电力市场和碳交易市场当中单独构建建筑领域与功率型（kWp）省减相对应的价值体系。

"区域尺度聚合"是指要跳出单体建筑围绕建筑本体追求能耗降低的单一模式，重点发展各类园区、校园、社区等成片区的建筑群，区域的规模达到上百万平方米，物理边界清晰、资管方或运维方的体系完善。对建筑群的冷热电采用"光储直柔"技术统一完善升级，规模化以后项目的非技术成本大幅下降，对应的收益有所增加，也能够合理分配。"建筑＋X 协同"是指围绕建筑的用能管理体系，把屋顶及周边区域（景观、公共绿地）的光伏资源开发、储能安全管理、电动车充电桩报装、能源数据采集等"光储直柔"各环节涉及的工作纳入到现有工作体系，形成能源微网，在园区、校园、社区尺度的变压器端和输配电网协同，以一个整体参与电力交易和碳交易，实现城乡建设、电动车充电服务、新型电力系统、电力市场完善、碳交易市场建设等多方共同发展共同配合推动。

本题编写作者：薛志峰

96. 台区互联或可再生能源点对点交易对可再生能源消纳有什么作用？

台区互联或可再生能源点对点电力交易提出的背景是：由于可再生能源出力（主要是分布式光伏）的波动性，出力曲线与需求曲线不匹配，导致用户和电网面临光伏消纳的问题，传统的方式是多余的可再生能源电力直接并入电网，由电网公司按照上网电价收购并再卖给用电方，如图 10-6（a）所示，称为点对网（peer-to-grid，P2G）模式。但是一方面上网电价在逐渐降低，可再生能源用户的卖电收益也随之降低，而电力用户则需要以高于上网电价的零售电价买电，买卖双方的价格不对等，阻碍了可再生能源的普及和消纳；另一方面电网公司需要同时满足买卖电双方的需求，电力传输负担大，效率低。由于在同一个含有可再生能源的微电网下会同时存在买卖电的需求，研究人员提出了台区互联或点对点电力交易的模式（peer-to-peer，P2P），如图 10-6（b）所示，即在同一个微电网内有买卖电需求的用户之间直接建立联系，双方可就多余的可再生电力直接进行交易，电网公司仅提供电力传输服务，降低电网负担。同时电力交易的价格由买卖双方或者需求情况共同决定，交易价格介于上网电价和零售电价之间，可为双方带来经济效益。因此，买卖电双方的主动性大大增强，同时由于交易电价低于零售电价，可促进买电方购买廉价的可再生能源，进而促进可再生能源的本地消纳。此外，电网公司只需负责电力传输，减轻了电网负担。根据相关研究报告，在光伏社区内进行点对点电力交易可将卖电用户 20%～30% 的光伏发电量交易给买电用户，相比点对网模式，消纳能力提高 70% 以上。

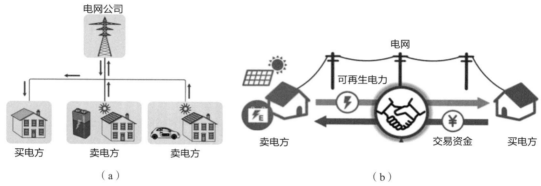

（a）　　　　　　　　　　　　　　　　　　　　（b）

图 10-6　点对网与点对点电力交易模式

（a）点对网电力交易模式；（b）点对点电力交易模式

本题编写作者：马涛

二、技术稳定性与可靠性问题

97. 交流配电系统与直流配电系统共存的建筑中，交流和直流有无相互影响或干扰的情况？有无技术要求？

涉及既有建筑改造项目，以及采用交直流混合配电系统的"光储直柔"项目必然面临交流＋直流共存运行的问题，答案是肯定的。交流配电系统和直流配电系统间，会存在不同程度的电气耦合和信号干扰，可以通过技术手段降低及避免，如图 10-7 所示。

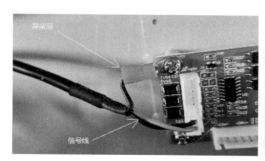

图 10-7　线缆信号屏蔽方式

（1）故障电流的相互穿越现象。穿越性电流一般是对某设备而言，如变压器的中、低压侧设备或线路故障。当保护区外发生短路时，流入保护区内的故障电流称为穿越性电流，对保护区造成损害。由于交直流保护方法不同而产生故障时，电流在交直流配电中有穿越的可能。一般做法可通过隔离性变换器将两者从电气上隔离，极大降低故障穿越的发生及损害。

（2）交流工频信号和直流高频信号会产生空间耦合，这在电力电子设备中很常见。大多数控制器设备采用交流电供电，直流信号进行通信及数据传输，而阻碍这些空间耦合造成干扰的方法也相对成熟。一般来说，通过线缆分离、信号屏蔽、数字滤波等技术手段避免。

还有一个大家关心的问题：如果只对某一区域采用"光储直柔"系统，对建筑中其他区域有何影响？

这个问题可类比可参考微电网的理念。微电网（micro-grid），是指由分布式电源、储能、变流器、负荷、监控和保护装置组成的小型发配电系统。是一个能够实现自我控制、保护和管理的自治系统，既可与外部电网并网运行，也可孤立运行。微电网内部有复杂的拓扑结构和控制逻辑，但不管这个微电网内部有多复杂，当它与大电网连接时，都只通过 PCC（point of common coupling）一个点并入大电网，只需控制好 PCC 这个并入点，就可以做到与大电网的柔性互动。

也就是说，某一区域采用"光储直柔"，类比于微电网，其他区域可以类比于大电网，只要控制"光储直柔"系统与其他区域连接的那个 PCC 点（图 10-8），整个系统就是柔性、稳定的。这个 PCC 点的控制需要靠电力电子变流器、中央控制器和能量管理系统来共同配合实现，技术上完全可行。

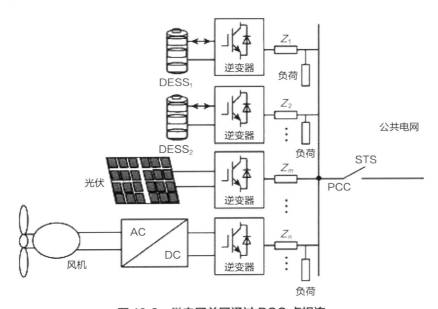

图 10-8　微电网并网通过 PCC 点相连

本题编写作者：李忠、王涛

98. 由于低压直流配电技术需要采用大量的电力电子元件，是否可能导致谐波存在，影响低压直流配电系统电能质量？

　　如图 10-9 所示，"光储直柔"系统依托各类电力电子器件实现组网和柔性控制，典型的"光储直柔"系统包含 AC/DC 转换器、光伏 DC/DC 变换器、储能 DC/DC 变换器、负载 DC/DC 变换器等，与传统的交流配电系统相比，"光储直柔"系统存在大量的电力电子转换设备。交直流转换器是实现交流和直流交互的唯一路径，"光储直柔"系统内部大量存在各种直流转换器，且无交流环节。交直流转换器和交流电网之间安装有星三角变压器，实现"光储直柔"系统与电网的电气隔离。谐波是指对周期性交流量进行傅里叶级数分解，得到频率为基波频率大于 1 整数倍的分量，因此在"光储直柔"系统内部是不存在严格意义的谐波概念的。同时，由于系统内部全部采用直流供电型式，因此也不存在传统意义上的无功。我们通常以直流电压或电流的波动量、电压或电流的纹波来衡量直流配电系统的电能质量。通常情况下对于高品质的 DC/DC 变换器，其电压电流的输出纹波可以实现 ≤ 0.1%FS。诚然，大量的直流转换器，有可能加大系统的纹波，但直流系统变换器的大容量电容和电感的存在，能够有效抑制电压和电流纹波。但是需要注意的是，由于新能源的波动性以及系统的主动调节，是有可能造成直流电压的波动。同时，大量的电力电子设备的使用，有可能导致相互之间的干扰和谐振，从而影响直流供电系统的稳定性和供电质量。

　　"光储直柔"系统与交流电网通过 AC/DC 模块连接，当"光储直柔"系统与交流电网存在电能交互时，就需要规定电能质量。我们注意到图 10-9 的典型系统架构中，在 AC/DC 的交流侧有安装（隔离）变压器，通常这个变压器在交流电网侧是星形连接，在 AC/DC 侧是三角形连接，这种连接方式能够有效降低"光储直柔"系统对交流配电网产生的谐波。同时，高品质的 AC/DC 转换器也非常重要，当前的 AC/DC 转换器谐波均能达到 < 5% 甚至 ≤ 3% 的水平，同时又可以调节无功功率，因此对交流电网的影响是有限的。

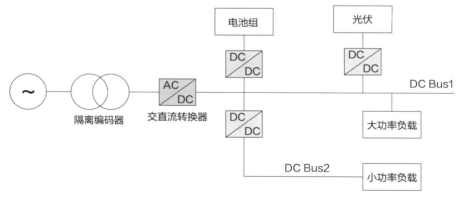

图 10-9　典型的"光储直柔"系统架构

本题编写作者：侯院军

三、工程项目实施效果

99. 全国各气候区有哪些代表性的"光储直柔"项目？

如图 10-10 所示，根据中国建筑节能协会光储直柔专业委员会开展的"光储直柔"示范项目调查可以得知目前全国建成并投入运行的"光储直柔"建筑共有 32 个，其中夏热冬暖地区 6 个、夏热冬冷地区 14 个、寒冷地区 7 个、严寒地区 5 个。

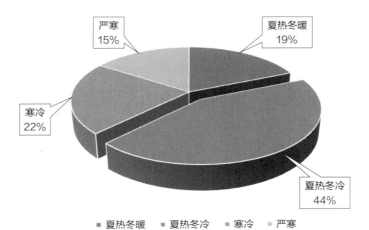

■ 夏热冬暖 ■ 夏热冬冷 ■ 寒冷 ■ 严寒

图 10-10 "光储直柔"示范项目调查情况（气候）

如图 10-11 所示，涉及的建筑类型也十分丰富，有居住建筑、商业建筑、办公建筑、科教文卫建筑等。

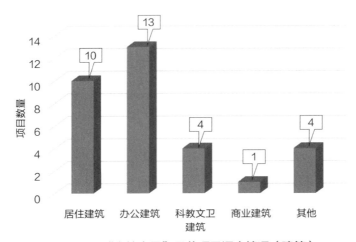

图 10-11 "光储直柔"示范项目调查情况（建筑）

各气候区代表性的"光储直柔"项目如下：

严寒地区：大同未来能源馆项目（图 10-12），位于山西省大同市国际能源革命科技创新园，建筑面积约 2.9 万 m²，被称为山西首个被动式零能耗建筑。

图 10-12　大同未来能源馆项目

寒冷地区：芮城县庄上村光储直柔直流微网项目（图 10-13），位于山西省运城市芮城县陌南镇庄上村，项目利用庄上村共 131 户农户自然屋顶及 108 户地坑院屋顶安装光伏发电系统，并在村内改造建设直流微电网，同步配套建设储能系统，形成"屋顶光伏＋储能＋直流配电＋柔性用电"的柔性直流微电网系统。

图 10-13　芮城县庄上村"光储直柔"直流微网项目

清华大学建筑节能研究中心光储直柔示范项目（图 10-14）位于北京市海淀区清华大学，是以科研办公场景为典型的建筑。项目整体定位不仅能实现基本的光伏发电和直流供电功能，还具备开放的控制接口，可以根据实验需要灵活设计和调整控制策略，满足电动车有序用电、建筑电气与空调系统联合调度和直流系统暂稳态特性等研究工作的要求。

图 10-14　清华大学建筑节能研究中心"光储直柔"示范项目

夏热冬冷地区：武汉特斯联智慧产业园光储直柔项目（图 10-15），位于湖北省武汉市中法生态示范城，项目覆盖建筑供电面积 $250m^2$，光储直柔系统主要包括光伏车棚、锂电池储能（光伏车棚下方）、柔性充电桩（光伏车棚下方）、蓄水直流空调（碳中和开放实验室）、直流照明（碳中和开放实验室）、太阳能路灯（园区道路两侧）。

图 10-15　武汉特斯联智慧产业园"光储直柔"项目

南京国臣直流配电科技有限公司办公楼项目（图 10-16），位于江苏省南京市江宁高新园区福英路 1001 号联东 U 谷，项目系统采用交流电网、光伏、储能多种能源接入，为建筑的供电可靠性提供保障；母线电压采用 DC600V，新能源发电直接消纳，减少能量变换层级、降低线路损耗，实现高效消纳；通过双向直流充电桩、分布式储能，平抑建筑用电峰谷波动、提高供电可靠性，同时具备电网侧需求响应能力；通过电压带调节，实现了无通信、自适应的控制；系统运行数据可观、可测、可控，给楼宇智能化提供基础条件。

图 10-16　南京国臣直流配电科技有限公司办公楼项目

夏热冬暖地区：深圳建科院未来大厦 R3 全直流零碳建筑（图 10-17），位于广东省深圳市龙岗区的深圳国际低碳城核心启动区。该项目是首个规模化全直流配电"光储直柔"示范建筑，项目的目的在于研究民用建筑场景下直流系统设计方法、安全保护技术、运行控制技术和关键设备性能要求，为低压直流配用电技术走出实验室，在民用建筑中工程化应用奠定基础。

图 10-17　深圳建科院未来大厦 R3 全直流零碳建筑

东莞南区局办公楼直流楼宇改造示范项目（图 10-18），位于广东省东莞市大朗镇，主要用于实现低压直流系统的电压等级转换、电能分配、光伏和储能系统的接入，以及楼宇能量管理等功能。

图 10-18 东莞南区局办公楼直流楼宇改造示范项目

本题编写作者：于海超

100. 已建成的"光储直柔"典型项目中实际应用的直接用户反映和评价如何？现在发现还有何不足？

目前国内已建成并投入实际运行的"光储直柔"项目还比较少，在运营方面的管理经验还有待于更多的实际工程数据的积累。从目前已投入运行的项目看，采用直流配电实现分布式可再生能源的自主协调控制，这个核心目的已经得到了工程验证。目前直接用户和集成商对于"光储直柔"系统的总体评价还是比较高，且比较愿意尝试使用。用户反映相对比较突出的问题有以下两个方面：

（1）直流电器相对缺乏，用户在采购方面有困难，在售后方面有疑虑。由于当前的工程技术项目尽最大可能避免改变用户习惯和减少对用户的使用的影响，比如照明、开关、空调、充电桩等从外观和使用方式上与交流产品相比并无明显的不同，直流专用的产品也比较容易采购，因此用户比较容易接受。但对于电磁炉、微波炉等厨卫电器、打印机、投影仪等办公设备目前还缺少直流专用电器，限制了直流的适用范围。虽然交流电器改成直流电器在技术层面不存在障碍，但专门定制的产品不符合大部分企业的采购招标规程，因此加强直流相关产品的开发和标准化，补足短板，是"光储直柔"必须尽快解决的问题之一。

（2）"光储直柔"的商业价值体现还没有清晰途径。"光储直柔"的核心是实现柔性用电，与电网进行友好互动。在目前的电价运行机制下，除了可以通过峰谷电价减少电费，再得不到其他额外收益；为电网削峰填谷，参与电网辅助服务等新机制也正在起步阶段，尚没有形成长效的价格机制。同时，柔性用电也不能被认定为减少了碳排放或使用了绿电。因此，目前仅从电价上的收益会使投资回收期较长，制约了现阶段规模化商业推广。面向未来电力市场化改革的大趋势，能源作为商品的属性将会逐步强化，柔性调节的价值也将会有更好的实现途径。

本题编写作者：李忠、侯院军、李雨桐

附录 1 建筑中采用直流供电可参考标准

附表 1

电压等级参考标准

序号	标准号	标准名称	交流（AC）	直流（DC）	对应条款	条款说明	行业	发布年	参考标准
1	GB 4706.1	家用和类似用途电器的安全 第 1 部分：通用要求	42V、空载 50V	—	3.4.2	安全特低电压	家电	2005	IEC 60335-1
			峰值 42.4V	42.4V	8.1.4	触及部件认为不带电	家电	2005	IEC 60335-1
2	GB/T 3805	特低电压（ELV）限值	33V	70V	6.1	环境 3 接触面积小于 1cm² 不可捏紧部分限值（正常）	通用	2008	IEC/TS 61201-1
			55V	140V	6.1	环境 3 接触面积小于 1cm² 不可捏紧部分限值（单故障）	通用	2008	IEC/TS 61201-1
3	IEC/TS 61201-2007	Use of conventional touch voltage limits- Application guide	30V	60V	5.2	环境 3（干燥）接触面积小于 1cm² 手到脚有电流感应	通用	2007	IEC/TS 60479-1
			50V	120V	5.2	环境 3（干燥）接触面积小于 1cm² 手到脚有电流肌肉感应	通用	2007	IEC/TS 60479-1
4	GB/T 2099.8	家用和类似用途插头插座 第 2-4 部分 安全特低电压（SELV）插头插座的特殊要求	50V	120V	3.101	SELV 定义，但是该标准按照 48V 执行	插头插座	2017	IEC 60884-2-4
			25V	60V	13.7.2	安全特低电压带电部分	插头插座	2017	IEC 60884-2-4
5	IEC 60974-1	ARC WELDING EQUIPMENT-Part1: Welding power sources	50V	120V	3.56	SELV 定义	弧焊设备	2005	—

用电安全参考标准

附表 2

序号	标准号	标准名称	交流（AC）	直流（DC）	对应条款	条款说明	行业	发布年	参考标准
1	GB/T 13870.1	电流对人体和家畜的效应 第 1 部分：通用部分	80mA	300mA	3.3.2	诱发相同心室纤维颤抖概率值之比 3.75	通用	2008	IEC/TS 60479-1
			—	—	4.5.4	接触电压 200V 以下，由于人体皮肤电容阻塞作用，直流比较交流阻抗高	通用	2008	IEC/TS 60479-1
			0.5mA	接通和断开时有感受，约 2mA	6.1	感知阀和反映阀（交直流同条件对比）	通用	2008	IEC/TS 60479-1
			成人 10mA 所有人 5mA	无明确值，接通和断开有感应肉有感应	6.2	活动制伐和摆脱阀（交直流同条件对比）	通用	2008	IEC/TS 60479-1
			50mA/mm² 可能皮肤碳化	100mA 四肢发热，33mA 失去知觉	6.4	电流效应（交直流同条件对比）	通用	2008	IEC/TS 60479-1
2	IEC/TS 60479-1	Effects of current on human beings and livestock-Part1: general aspects	80mA	300mA	1.3.3.1	诱发相同心室纤维颤抖概率值之比 3.75	通用	1994	—
			—	—		其他条款见 GB 13870-1	通用	1994	—

接地方式参考标准

附表 3

序号	标准号	标准名称	发布年	主要内容
1	IEC 60364-1	Low voltage electrical installations-part 1: Fundamental principles, assessment of general characteristics, definitions	2005-11	直流系统的接地方式，包括：TN-C、TN-S、TN-C-S、TT、IT 系统
2	GB/T 16895.3	建筑物电气装置 第 5-54 部分：电气设备的选择和安装接地配置，保护导体和保护联结导体	2004-5	接地极、保护导体、保护联结导体等接地配置的一般性要求

附表 4

直流电器产品设计及安全性参考标准

序号	主要内容	标准号	标准名称	发布年	扩展描述
1	爬电距离及电气间隙	GB/T 17627.1	低压电气设备的高电压试验技术 第一部分：定义与试验要求	1998-12	直流系统的接地方式，包括：TN-C、TN-S、TN-C-S、TT、IT
2	漏电流	IEC 60479	Effects of current on human beings and livestock–Part 1: General aspects	2018-12	交直流对人身安全影响转换关系：直流为交流 3.75 倍
3	耐压测试	GB/T 17627	低压电气设备的高电压试验技术	1998-12	交流耐压测试 1000V 时等效 1414V 直流耐压
		GB/T 16935.1	低压系统内设备的绝缘配合 第 1 部分：原理、要求和试验	2008-4	在某些情况下，交流试验电压需由等于交流试验电压峰值的直流试验电压代替，然而试验严酷度比交流耐压低
4	电磁兼容发射	GB 4343.1—2018	家用电器、电动工具和类似器具的电磁兼容要求 第 1 部分：发射	2018-5	交直流通用
	电磁兼容抗扰度	GB/T 17626	电磁兼容 试验和测量技术	2006-12	针对有直流电源的浪涌、电快速瞬变脉冲群、注入电流、静电抗扰度

附录 2 术语和缩略语中英文对照表

英文缩写	英文名称	中文名称
AC	alternating current	交流
APR	active power response	主动功率响应
BAPV	building attached photovoltaic	光伏附着在建筑上
BIPV	building integrated photovoltaic	光伏建筑一体化
BMS	battery management system	电池管理系统
DC	direct current	直流
EMS	energy management system	能量管理系统
GIB	grid-interactive building	建筑电力交互
IEC	International Electrotechnical Commission	国际电工委员会
IEEE	Institute of Electrical and Electronics Engineers	电气电子工程师学会
IMD	insulation monitoring device	绝缘监测装置
LED	light-emitting diode	发光二极管
LVDC	low voltage direct current	低压直流
MPPT	maximum power point tracking	最大功率点跟踪
PEDF	Photovoltaics, Energy storage, Direct current and Flexibility	光储直柔
PES	Power & Energy Society	电力与能源协会
PFC	power factor correction	功率因数校正
RCD	residual current device	剩余电流保护装置
RCM	residual current monitor	剩余电流监测装置
SOC	state of charge	荷电状态
UPS	uninterruptible power supply	不间断电源
V2G	vehicle to grid	电动车电网交互

附录 3　中国建筑节能协会
光储直柔专业委员会简介

　　中国建筑节能协会光储直柔专业委员会（以下简称"光储直柔专委会"）是广大致力于中国建筑光储直柔研究与应用的相关企事业单位和专业人士自愿加入组成的社会团体，主要从事光储直柔领域的人员培训、项目评审、会议组织、标准编制、课题研究、专著出版、国际合作、传播推广等领域的研究工作及提供相应的服务。光储直柔专委会的目标和宗旨是为贯彻落实能源生产和消费革命战略，实现"碳达峰、碳中和"目标，提升建筑对可再生能源的消纳能力，保证民用建筑直流电气系统安全稳定和高效运行，大力推进建筑行业可持续发展。

　　光储直柔专委会于 2021 年 9 月 27 日由中国建筑节能协会批复筹建，2022 年 4 月 28 日正式成立，现拥有会员单位近 100 家，并且仍在动态增长中。

　　光储直柔专委会深耕光储直柔产业生态发展研究，致力于打通上下游全生态链条，搭建直流产品数据库，具备各项工程实践能力与经验，形成全过程工程咨询设计、系统软硬件系统集成解决方案、系统和产品性能检测及工程性能的全生态产业链业务。

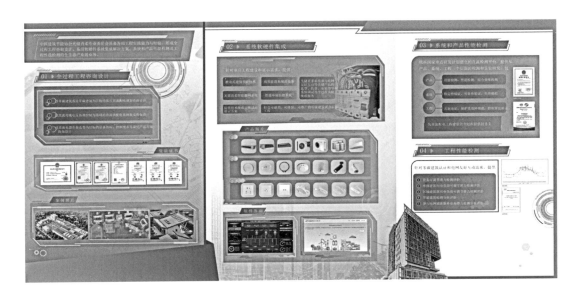

　　光储直柔专委会联系邮箱：likun@ibrcn.com

　　　　　　　　　　　　　PEDF_cabee@126.com

参 考 文 献

［1］孟思宇，李耀峰. 浅谈直流系统的优点和发展动力［J］. 无线互联科技，2012，9：150.

［2］Tang H, Wang S, Li H. Flexibility categorization, sources, capabilities and technologies for energy-flexible and grid-responsive buildings: State-of-the-art and future perspective [J]. Energy, 2020.

［3］廖建权，周念成，王强钢，等. 直流配电网电能质量指标定义及关联性分析［J］. 中国电机工程学报，2018，38（23）：6847-6860，7119.

［4］柳丹，张宸宇，郑建勇，等. 基于混合储能的直流微电网母线电压控制策略［J］. 电器与能效管理技术，2016，06：47-52.

［5］李霞林，郭力，王成山，等. 直流微电网关键技术研究综述［J］. 中国电机工程学报，2016，36（1）：2-17.

［6］夏博，杨超，李冲. 电力系统短期负荷预测方法研究综述［J］. 电力大数据，2018，21（7）：22-28.

［7］胡函武，杨英，魏晗，等. 短期负荷预测方法综述［J］. 电子世界，2018（20）：109.

［8］张振高，杨正瓴. 短期负荷预测中的负荷求导法及天气因素的使用［J］. 电力系统及其自动化学报，2006（5）：79-83.

［9］吴劲晖. 负荷求导法在电网超短期负荷预测中的实践［J］. 中国电力，2003（3）：84-85.

［10］梁锐. 直流变频多联机空调控制系统的应用研究［D］. 广州：华南理工大学，2010.

［11］刘裕峰. 含电动汽车的交直流混合微网分布式电压调节［D］. 合肥：合肥工业大学，2019.

［12］李叶茂，李雨桐，郝斌，等. 低碳发展背景下的建筑"光储直柔"配用电系统关键技术分析［J］. 供用电，2021，38（1）：32-38.

［13］中华人民共和国国家质量监督检验检验总局. 家用和类似用途电器的安全 第 1 部分：通用要求，GB 4706.1—2005［S］. 北京：中国标准出版社，2006.

［14］中华人民共和国国家质量监督检验检疫总局. 特低电压（ELV）限值，GB/T 3805—2008［S］. 北京：中国标准出版社，2008.

［15］中华人民共和国国家质量监督检验检疫总局. 家用和类似用途插头插座 第 2-4 部分：安全特低压（SELV）插头插座的特殊要求，GB/T 2099.8—2017［S］. 北京：中国标准出版社，2017.

［16］IEC 60974-1-2017 Arc welding equipment - Part 1: Welding power sources.

［17］中华人民共和国国家市场监督管理总局. 电流对人和家畜的效应 第 1 部分：通用部分，GB/T 13870.1—2022［S］. 北京：中国标准出版社，2022.

［18］IEC/TS 60479-1 Effects of current on human beings and livestock-Part 1: General aspects; Corrigendum 1.

[19] IEC 60364-1-2005 Low-voltage electrical installations-Part 1: Fundamental principles，assessment of general characteristics, definitions.

[20] 中华人民共和国国家质量监督检验检疫总局. 低压电气装置 第 5-54 部分：电气设备的选择和安装 接地配置和保护导体，GB/T 16895.3—2017［S］. 北京：中国标准出版社，2017.

[21] 中华人民共和国国家市场监督管理总局. 低压电气设备的高电压试验技术 定义、试验和程序要求、试验设备，GB/T 17627—2019［S］. 北京：中国标准出版社，2019.

[22] IEC 60479-1-2018 Effects of current on human beings and livestock–Part 1: General aspects

[23] 中华人民共和国国家市场监督管理总局. 低压供电系统内设备的绝缘配合 第 1 部分：原理、要求和试验，GB/T 16935.1—2023［S］. 北京：中国标准出版社，2024.

[24] 中华人民共和国国家市场监督管理总局. 家用电器、电动工具和类似器具的电磁兼容要求 第 1 部分：发射，GB 4343.1—2018［S］. 北京：中国标准出版社，2018.

[25] 中华人民共和国国家质量监督检验检疫总局，中国国家标准化管理委员会. 电磁兼容 试验和测量技术，GB/T 17626［S］. 北京：中国标准出版社，2005.